食品药品检验基础

主　编　王　芳　袁静宇

副主编　李光耀　王淑艳　于志伟

　　　　边瑞玲　任志龙

主　审　张延明

北京理工大学出版社

BEIJING INSTITUTE OF TECHNOLOGY PRESS

内容概要

本书是职业教育校企“双元”合作开发创新型教材，模拟企业实际岗位工作过程，以“项目-任务”的形式进行编写，力求建立“以项目为引领，以任务为载体，以技能训练为重点”的职业教育模式，主要内容包括检验基础知识，化学分析仪器的操作及规范，检验用试剂及溶液的配制，样品的采集、制备与预处理4个项目。

本书是省级在线精品课程“食品药品检验基础”配套教材，可作为职业教育食品检验检测技术、药品生产技术等相关专业教材，也可供食品药品生产企业、安全检测机构等的从业人员参考使用。

图书在版编目(CIP)数据

食品药品检验基础 / 王芳，袁静宇主编. -- 北京 ：北京理工大学出版社，2024.3

ISBN 978-7-5763-3759-4

Ⅰ. ①食… Ⅱ. ①王… ②袁… Ⅲ. ①食品检验-高等职业教育-教材②药品检定-高等职业教育-教材 Ⅳ. ①TS207.3②TQ460.7

中国国家版本馆CIP数据核字(2024)第069137号

责任编辑：白煜军　　**文案编辑**：白煜军
责任校对：周瑞红　　**责任印制**：施胜娟

出版发行 / 北京理工大学出版社有限责任公司
社　　址 / 北京市丰台区四合庄路6号
邮　　编 / 100070
电　　话 / (010) 68914026（教材售后服务热线）
(010) 68944437（课件资源服务热线）
网　　址 / http://www.bitpress.com.cn

版 印 次 / 2024年3月第1版第1次印刷
印　　刷 / 三河市天利华印刷装订有限公司
开　　本 / 787 mm×1092 mm　1/16
印　　张 / 10.75
字　　数 / 244千字
定　　价 / 78.00元

《食品药品检验基础》
编　委　会

主　　编　王　芳　袁静宇

副 主 编　李光耀　王淑艳　于志伟　边瑞玲　任志龙

主　　审　张延明

编写人员

王　芳　包头轻工职业技术学院　高级工程师

袁静宇　包头轻工职业技术学院　教授

李光耀　包头轻工职业技术学院　副教授

王淑艳　包头轻工职业技术学院　副教授

于志伟　包头轻工职业技术学院　高级实验师

边瑞玲　包头轻工职业技术学院　讲师

任志龙　包头轻工职业技术学院　讲师

邬　婧　北京市朝阳区食品药品安全监控中心　工程师

郭春辉　内蒙古路易精普检测科技有限公司　食品检测部部长、工程师

李海英　内蒙古路易精普检测科技有限公司　工程师

前　言

人们常说“食药同源”，食品是人类生存和发展最重要的物质基础，而药品则是护佑人类身心健康的重要物质保障。影响食品药品质量安全的因素很多，归纳起来主要有食品药品原料生产的安全性、食品药品加工与制造过程的安全性、食品药品运输与储存过程的安全性和食品药品消费的安全性等几个方面。食品药品的安全不仅影响国计民生，更关乎社会秩序的稳定运行。党的二十大报告中指出，“要强化食品药品安全监管”。国家“十四五”规划也提出，要推进食品安全放心工程建设攻坚行动，完善药品电子追溯体系，防食药安全之患于未然，确保食品和药品质量安全。

“食品药品检验基础”是职业院校食品、药品类专业的专业基础课程。为适应以项目为引领、以就业为导向的职业教育的要求，培养学生对食品、药品检验岗位（群）的适应性，编者依据食品、药品类专业人才培养模式转型的教学改革成果，本着“以职业技能培养为核心，以职业素养养成为主线，以职业知识教育为支撑”的原则编写了本书。

本书内容设置难易结合、层层递进，通过实验和案例培养学生勤于动手和善于动脑的习惯，结合该课程实践性和应用型强的特点，构建开发以职业精神、工匠精神、民族精神为核心的课程思政内容，提高学生专业认同感。全书将分析化学、食品分析、药品分析、仪器分析等内容优化整合，把基础知识与专业技能融为一体，突出了“学中做、做中学”的职业教育理念，注重培养学生的创新精神和综合技能。本书是职业教育校企“双元”合作开发创新型教材，模拟企业实际岗位工作过程，以“项目－任务”的形式进行编写，力求建立“以项目为引领，以任务为载体，以技能训练为重点”的职业教育模式，主要内容包括检验基础知识，化学分析仪器的操作及规范，检验用试剂及溶液的配制，样品的采集、制备与预处理4个项目，书中还配有数字化教学资源，读者可扫描书中二维码查看。

本书由包头轻工业职业技术学院王芳、袁静宇担任主编，包头轻工业职业技术学院李光耀、王淑艳、于志伟、边瑞玲、任志龙担任副主编，包头轻工职业技术学院张延明担任主审，北京市朝阳区食品药品安全监控中心邬婧、内蒙古路易精普检测科技有限公司郭春辉、李海英参与了编写工作。在编写过程中编者参考了大量相关资料，在此一并对相关作者表示感谢。

囿于编者的学识和水平，书中不当或疏漏之处在所难免，望广大读者随时指正，以待日后再版时改正。

编　者

2024 年 1 月

目　录

项目一　检验基础知识

任务一　熟悉实验室规则及安全知识

学习目标

(1) 认识实验常用仪器设备，了解化学试剂的易燃易爆、有毒和腐蚀等性质，了解检验工作环境。

(2) 收集实验安全规则，收集实验过程所需样品、试剂的相关资料。

(3) 以小组为单位，发挥团队合作精神，集思广益，共同确定《检验安全手册》内容。

技能目标

(1) 能认识实验常用仪器设备，能够正确遵守实验室的规章制度。

(2) 能正确使用各级别的试剂，安全使用易燃易爆、有毒和腐蚀等性质的化学试剂。

(3) 能编写《检验安全手册》。

职业素养

(1) 形成工作流程意识，树立安全意识。

(2) 提高社会主义职业道德与规范修养。

(3) 养成自主学习、合作探究、沟通交流的能力。

知识点一　实验室规则

一、理化实验室的规则

知识点一
实验室规则

理化实验室通常包括精密仪器实验室、化学分析实验室、辅助室(准备室、药品储藏室等)，一般要求远离烟雾、噪声和振动源，室内采光要符合规范要求。

(1) 实验时要穿工作服，工作服应经常清洗。实验前后要注意洗手，以免因手脏而沾污仪器、试剂、样品，从而引起误差；或误入口中，引起中毒。

(2) 实验室要及时整理，定期清扫，保持清洁、整齐；仪器、设备应定期除尘、更换干燥剂，保持清洁、干燥。

(3) 实验室的仪器、试剂、资料、工具等要布局合理、存放有序。

(4) 实验数据要记在专用的记录本上。记录要及时、准确、规范，如有错误，要杠改重写，不得涂改。实验记录和报告单应按照规定保留一定时间，以备查考。

(5) 实验完毕，仪器设备、试剂、工具等要放回原处；应及时清理，保持干净整洁。

(6) 标准仪器(如检定校准过的天平、砝码、滴定管、容量瓶等量器具)要妥善保管，不要随便挪动。

二、微生物实验室的规则

微生物实验室通常包括准备室、洗涤室、灭菌室、培养室、无菌室(包括无菌室外的缓冲间)等。实验室划分不是绝对的，可根据实际情况而定。

(1) 进入实验室要穿工作服，只带必要的文具和教材。离开实验室时脱下工作服。

(2) 实验室内禁止饮食、吸烟，也不能把铅笔、纸片等含于口内。

(3) 实验室内要保持安静、有秩序，不要高声谈笑、喧哗。

(4) 检验样品时应如实登记生产日期、生产批号、抽样基数，详细记录样品检验序号、检验日期、检验方法、检验程序和检验结果等信息。

(5) 室内应经常保持整洁，样品检验完毕后，及时清理实验场所。凡要丢弃的培养物，应经高压灭菌处理，污染的玻璃器皿经高压灭菌后再洗刷干净，放置备用。

(6) 无菌室内应常备有3%~5%(体积分数)的来苏儿(甲酚皂溶液)或0.1%(体积分数)的新洁尔灭溶液(苯扎溴铵)，内浸纱布数块；并备有75%(体积分数)酒精棉球，用于样品表面消毒及意外污染消毒。

(7) 无菌室每次使用前后，用紫外线灯照射至少30 min。

(8) 吸过菌液的吸管不得放在桌子上。

(9) 皮肤破伤应立即进行处理，先除尽异物，用蒸馏水或生理盐水洗净后，再涂以20 g/L碘酒。

(10) 菌液流洒桌面，应立即以抹布浸蘸3%~5%(体积分数)的来苏儿覆在污染部位，0.5 h后抹去。若手上沾有活菌，也应浸泡于上述消毒液中10~20 min，再以肥皂及清水刷洗。

课堂习题

(1) 理化实验室的规则有哪些？

(2) 微生物实验室的规则有哪些？

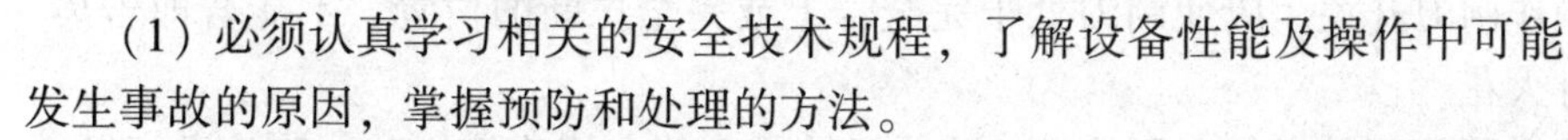

知识点二　实验室安全知识

一、实验员安全须知

知识点二
实验室安全知识

(1) 必须认真学习相关的安全技术规程，了解设备性能及操作中可能发生事故的原因，掌握预防和处理的方法。

(2) 实验室严禁喧哗、打闹，应保持实验室秩序井然，实验操作应穿工作服，女性长头发要扎起并戴上帽子；进行有危害性实验时要佩戴防护用具，如防护眼镜、防护手套、防护口罩甚至防护面具。

(3) 与实验无关的人员不得进入实验室，不允许实验员在实验室做与实验无关的事。

(4) 进行有危险的工作时，如危险物料的现场取样、易燃易爆物品的处理、焚烧废液等，应有第二者陪伴，陪伴者应处于能清楚看到工作地点的地方并观察操作的全过程。

(5) 拆装玻璃管与胶管等时，应用水将其润湿，手上垫棉布，以防玻璃管折断时扎伤手。

(6) 打开浓盐酸、浓硝酸、浓氨水试剂瓶应在通风橱中进行。夏季打开易挥发溶剂瓶前，应先用冷水冷却溶剂，瓶口不能对着人。

(7) 通常实验台应备有湿抹布，以便当有毒或有腐蚀性的溶液滴溅在手上或台面上时，立即擦去。稀释浓硫酸时，必须在烧杯等耐热容器中进行，必须在玻璃棒不断搅拌下，缓缓地将酸加入水中。溶解氢氧化钠、氢氧化钾等时，因会大量放热，也必须在耐热容器中进行，也可将容器（如烧杯）放在盛有冷水的盆中，以便稀释过程中溶液散热。

(8) 蒸馏易燃液体，严禁用明火。蒸馏过程不得离人，以防液体温度过高或冷却水突然中断。不得违章作业，实验操作时如必须离开，要委托专人看管。

(9) 实验员应具有安全用电、化学药品安全使用、设备安全管理、防火防爆、灭火、预防中毒等基本安全常识。

(10) 实验室内所有试剂必须贴有明显的与内容物相符的标签。剧毒药品严格遵守保管、领用制度，发生散落时，应立即收起并做解毒处理。严禁将用完的原装试剂空瓶不更换标签而装入其他试剂。

(11) 实验室内禁止吸烟、进食，不能用实验室器皿处理食物。离室前用肥皂洗手。

(12) 每日工作完毕后，检查水、电、气、窗是否关闭，进行安全登记之后方可锁门离开。

二、用电安全

(1) 不准使用绝缘损坏或老化的线路及电气设备；保持电器及电线干燥，不得有裸露电线；电热器和木制品隔开一定距离，电气接线应该安全牢固。

(2) 各类电器发生故障要及时通知有关人员修理，不得私自拆修。电源或电器的熔丝烧断时，应先查明原因，排除故障后再接原负荷，换上适合的熔丝，不得用铜丝替代。

（3）电线线路或设备起火时，须立即切断电源，用干粉灭火器扑灭或者用沙子、土或者湿棉被覆盖扑灭，并及时通知配电室进行维修。

注意：设备起火，切忌用水灭火！

（4）不得私自拉接临时供电线路，禁止将电线头直接插入插座内使用。

（5）正确操作闸刀开关。应使闸刀处于完全合上或完全拉断的位置，不能若即若离，以防接触不良打火花。

（6）新购的电器使用前必须全面检查，防止运输震动使电线连接松动，确认没问题并接好地线后方可使用。

（7）使用干燥箱和高温炉时，必须确认自动控温装置可靠。同时需人工定时监测温度，以免温度过高。不得把含有大量易燃、易爆溶剂的物品送入干燥箱和高温炉中加热。

（8）使用高压电源工作时要穿绝缘鞋、戴绝缘手套，并站在绝缘垫上。

（9）应建立用电安全定期检查制度。发现电气设备漏电要立即修理，绝缘损坏或线路老化要及时更换，必要时应使用漏电保护器。

三、药品使用安全

（1）严格执行《实验室危险化学药品使用安全管理规定》。

（2）药品和试剂要分类存放；有毒的化学药品，要由专人负责保管，对药品的使用及领取做详细记录。

（3）所有药品、试剂要摆放整齐，贴有与内容物相符的标签；严禁将用完的原装试剂空瓶在不更换标签的情况下，装入其他试剂。时常检查药品瓶上的标签是否清楚，如模糊不清应及时更换标签。

（4）强酸、强碱等腐蚀性试剂，应设专柜储存，使用时要戴防护用具。

（5）易燃易爆药品应存放于阴凉干燥处，通风良好，远离热源、火源，避免阳光直射。

（6）禁止将氧化剂和可燃物质一起研磨，爆炸性药品应在低温处储存，不得和其他易燃物质放在一起，移动时，不得剧烈震动。

（7）打开易挥发试剂瓶时，不准把瓶口对自己脸部或他人。不可直接用鼻子对着试剂瓶口辨认气味，如有必要，可将其远离鼻子，用手在瓶口上方扇动一下，将气味扇向自己。绝不可用舌头品尝试剂。

（8）取下装有正在沸腾的水或溶液的烧瓶时，须用烧瓶夹夹住摇动后取下，以防水或溶液突然剧烈沸腾而溅出伤人。

（9）腐蚀性药品洒在皮肤、衣物或桌面上时，应立即用湿布擦干，然后用相应的弱酸、弱碱清洗，最后用清水冲洗。药品不慎沾在手上，应立即清洗，以免忘记，误食入体内。

（10）微生物实验中一旦发生意外，如吸入菌液、划破皮肤、细菌污染实验台面或地面等处，应立即报告并及时处理。

（11）每次微生物实验后，需用体积分数为 20 mL/L 的来苏儿浸手或以肥皂洗手，再以清水冲洗。

(12) 实验使用过的废渣、废液，应进行化学处理后方能倒掉。

四、设备安全管理

(1) 电气设备安装时需检查所用电源，电源须与设备要求相符；使用前要检查是否漏电。

(2) 各检验设备应按设备要求定点放置，电线线路应符合要求，严禁乱拉乱改线路。

(3) 化验实验设备为化验室专用设备，只有实验室相关人员经过培训后方可使用，其他人员未经许可不得使用。

(4) 使用高压、高温设备时，要严格按照操作规程执行，如发生意外，应立即切断电源。

(5) 电炉、电干燥箱要设置在不燃的基座上；使用电干燥箱要安装自动测温装置，严格掌握烘烤温度；电热设备用完要立即切断电源。

(6) 设备使用过程中，严格按照设备操作规程操作，若出现异常，及时通知实验室负责人，且停止使用，排除异常后方可使用。

(7) 酒精灯要远离易燃物品，乙醇的加入量不允许超过容积的2/3，火焰确实熄灭后方可添加乙醇；不可用口吹灭，须用灯帽盖灭或用湿布盖灭；严禁用灯与灯直接对火。

五、气体钢瓶及其安全使用

实验室常用的气体有氢气、氧气、氮气、空气、甲烷、乙炔等，为了便于使用、储存和运输，通常将这些气体压缩成压缩气体或液化气体，灌入耐压钢瓶内。气体钢瓶由无缝碳素钢或合金钢制成。钢瓶按储存的气体最高压力通常可分为 15 MPa、20 MPa、30 MPa 共3 种。常用 15 MPa 的气体钢瓶，钢瓶的容量以 40 L 最多。使用钢瓶的主要危险是当钢瓶受到撞击或受热时可能发生爆炸。另外，一些气体有剧毒，一旦泄漏会造成严重后果。为此，了解钢瓶的基础知识，正确、安全地使用各种钢瓶十分重要。

（一）气体钢瓶的种类和标记

1. 气体钢瓶的种类

(1) 按气体的物理性质，划分为压缩气体（氧气、氢气及氮气、氩气、氦气等惰性气体）钢瓶、溶解气体[乙炔（溶解于丙酮中，加有活性炭等）]钢瓶、液化气体（二氧化碳、一氧化氮、丙烷、石油气等）钢瓶、低温液化气体（液态氧、液态氮、液态氩等）钢瓶。

(2) 按气体的化学性质，划分为可燃气体（氢气、乙炔、丙烷、石油气等）钢瓶、助燃气体（氧气、一氧化二氮等）钢瓶、不燃气体（二氧化碳、氮气等）钢瓶、惰性气体（氦气、氖气、氩气、氪气、氙气等）钢瓶。

2. 气体钢瓶的标记

为了安全，便于识别和使用，各种气体钢瓶的瓶身都涂有规定颜色的涂料，并用规定颜色的色漆写上气体钢瓶内容物的中文名称，画出横条标志。表 1－1 为常用的几种气体钢瓶标记的颜色和字样。

表 1-1　常用的几种气体钢瓶标记的颜色和字样

钢瓶名称	外表颜色	字样	字样颜色	横条颜色
氧气瓶	天蓝	氧	黑	—
医用氧气瓶	天蓝	医用氧	黑	—
氢气瓶	深绿	氢	红	红
氮气瓶	黑	氮	黄	棕
纯氩气瓶	灰	纯氩	绿	—
灯泡氩气瓶	黑	灯泡氩气	天蓝	天蓝
二氧化碳气瓶	黑	二氧化碳	黄	黄
氨气瓶	黄	氨	黑	—
氯气瓶	草绿	氯	白	白
乙烯气瓶	紫	乙烯	红	—

（二）气体钢瓶使用注意事项

气体钢瓶是专用的压力容器，必须定期进行技术检验。一般气体钢瓶每 3 年检验一次；腐蚀性气体钢瓶每 2 年检验一次；惰性气体钢瓶每 5 年检验一次。气体钢瓶的安全使用，必须注意以下几点。

（1）气体钢瓶通常应放在实验室外专用房间里，不可露天放置。要求通风良好，远离明火、热源，与它们的距离不小于 10 m，环境温度不超过 40 ℃，必须与爆炸物品、氧化剂、易燃物、自燃物及腐蚀性物品隔离。

（2）搬运钢瓶时不能用手拿着开关阀，应盖上并旋紧安全帽和套上橡皮腰圈，以保护开关阀。移动钢瓶也不能在地上滚动，避免撞击。

（3）钢瓶使用的减压阀要专用。氧气钢瓶使用的减压阀可用在氮气或空气钢瓶上；但用于氮气钢瓶的减压阀如要用在氧气钢瓶上，必须将油脂充分洗净。氢气、乙炔钢瓶减压阀的螺纹一般是反扣的，其余是正扣的。为安全起见，开启气阀时应站在减压阀的另一侧，以免高压气流或阀件射伤人体。

（4）乙炔钢瓶内填充有颗粒状的活性炭、石棉或硅藻土等多孔性物质，再掺入丙酮，使乙炔溶解于丙酮中，15 ℃的压力达到 1.5×10^6 Pa。所以乙炔钢瓶不得卧放，用气速度也不能过快，以防带出丙酮。乙炔易燃、易爆，必须禁止接触火源。乙炔管及接头不能用纯铜材料制作，否则将形成一种极易爆炸的乙炔铜。乙炔钢瓶配有专用减压阀，带有防火装置。开瓶时，阀门不要充分打开，一般不超过 1.5 r/min，以防止丙酮溢出。钢瓶内乙炔压力低于 0.2 MPa 时，不能再用，否则瓶内丙酮沿管通入火焰，导致火焰不稳定，噪声加大，影响测定准确度。如果遇乙炔调节器冻结，可用热气等方法加温，使其逐渐解冻，但不可用火焰直接加热。一旦燃烧发生火灾，严禁用水或泡沫灭火器，要使用干粉灭火器、二氧化碳灭火器或干砂扑灭。

（5）钢瓶内气体不能完全用尽，以防其他气体倒灌，重新灌气时发生危险。其剩余残压不应小于 9.8×10^5 Pa。

（6）有下列情况之一时必须降压使用或报废。

①瓶壁有裂纹、渗漏或明显变形的，应报废。

②测量最小壁厚并进行强度校核，不能按原设计压力使用的，必须降压使用。

③容积残余变形率大于10%的气体钢瓶，必须报废。

(7) 氧气是强烈的助燃气体，纯氧在高温下很活泼。温度不变而压力增加时，氧气可与油类发生强烈反应而引起爆炸，因此氧气钢瓶严禁同油脂接触。氧气钢瓶中绝对不能混入其他可燃气体。钢瓶中压力在1.0 MPa以下时，不能再用，应该灌气。

六、防爆、防毒与灭火

(1) 室内应备有灭火消防器材、急救箱和个人防护器材，检验室工作人员应熟知相关器材的位置及使用方法。

(2) 室内易燃易爆物品应限量、分类、低温存放，远离火源。

(3) 进行易燃易爆实验时，应有两人在场，以便相互照应。

(4) 易爆药品、试剂在存放、使用时要格外小心谨慎。

(5) 对有毒药品的操作，必须认真、小心，注意手上不要有伤口，实验完毕后一定要仔细洗手；产生有毒气体的实验一定要在通风橱中进行，并保持室内通风良好。

(6) 如遇创伤、灼伤、化学灼伤等意外情况，必须先进行紧急处理，再及时送医院治疗。

(7) 如遇起火，要立即切断电源，扑灭着火源，移走可燃物。

(8) 根据火源的性质，采取相应的灭火措施。

(9) 对普通可燃物，如纸张、书籍、木器着火，用沙子、湿布、湿棉布等盖灭。

(10) 若有机溶剂洒在桌面、地面上，遇火引燃，可用湿棉布、沙子等盖灭，绝不能用水。若火势较大，除及时报警外，还可用灭火器扑救。

课堂习题

一、选择题

(1) 试剂属于剧毒品的是(　　)。

A. 高锰酸钾　　B. 氰化钾　　C. 氢氧化钠　　D. 浓硫酸

(2) 仪器设备、设施与周围物品、墙壁保持的安全距离为(　　)cm。

A. 5　　B. 10　　C. 15　　D. 20

(3) 实验室常用的电热设备有(　　)。

A. 电炉　　B. 分光光度计　　C. 蒸馏瓶　　D. 离心机

二、判断题

(1) 扑救危险化学品火灾决不可盲目行动，应针对每一类化学品，选择正确的灭火剂和灭火方法。(　　)

(2) 对于实验室人员，扑救化学危险品火灾是一项极其容易的工作。(　　)

(3) 实验室高压锅从安全考虑，应放于单独实验室内，人员应有高压锅操作证。(　　)

(4) 对于作废的药品，由药品库保管员统一收集好并扔垃圾场。(　　)

(5) 实验室检测后剩余的少量浓酸、浓碱，可直接倒入下水道。(　　)

(6) 二氧化碳灭火器中装的干冰是一种导电物质，所以禁止用二氧化碳灭火器扑救电气火灾。(　　)

(7) 实验室内所用的气瓶必须有减压阀才能使用。(　　)

任务二　了解实验室的基本任务和工作准则

学习目标

(1) 查阅实验室使用的相关资料，熟悉实验室的基本任务和工作准则。

(2) 通过讲解和实际运用，归纳、总结实验室的相关要求。

技能目标

(1) 了解实验室的基本任务和相关要求。

(2) 能正确理解和应用实验室的基本工作准则。

职业素养

(1) 养成严谨的科学态度，培养良好的职业道德。

(2) 提升团队协作意识，提高与人交流、合作的能力。

(3) 养成主动参与、积极进取、探究科学的学习态度。

知识点一　实验室的基本任务

知识点一　实验室的基本任务

实验室是负责质量检验工作的专门技术机构或部门，承担着各种检验测试任务。它是组织质量工作、质量控制、质量改进的重要技术手段，是重要的质量信息源。其基本任务如下。

(1) 快速、准确地完成各项质量检验测试工作，出具检测数据(报告)。

(2) 负责对购入的原材料、元器件、协作件、配套产品等物品，依据技术标准、合同和技术文件的有关规定，进行进货验收检验。

(3) 负责产品形成过程中，需在实验室进行的半成品、零部件的质量控制和产成品交付前的质量把关检验。

(4) 负责产品的型式试验(例行试验)、可靠性试验和耐久性试验。

(5) 承担或参与产品质量问题的原因分析和技术验证工作。

(6) 承担产品质量改进和新产品研制开发工作中的检验测试工作。

（7）及时反馈和报告产品质量信息，为纠正和预防质量问题提出意见。

课堂练习

简答题

写出实验室的基本任务。

知识点二　实验室的基本工作准则

实验室是为质量控制、质量评价，改进和提高产品质量，开发新产品等项工作提供技术依据的重要的技术机构，其工作质量直接关系到产品品质。只有各项检验任务得到正确的、可靠的检测结果，据此才可能对产品质量做出正确的判断和结论，反之亦然。因此，实验室最基本的工作准则，应该是坚持公正性、科学性、及时性，做好检验测试工作。

知识点二
实验室的
基本工作准则

（1）公正性，即实验室的全体人员都能严格履行自己的职责，遵守工作纪律，坚持原则，认真按照检验工作程序和有关规定行事。在检测工作中，不受来自各个方面的干扰和影响，能独立、公正地做出判断，始终依据客观、科学的检测数据给出评价。

（2）科学性，即实验室应具有同检测任务相适应的技术能力和质量保证能力。人员的素质和数量能满足检测工作任务的需要。检测仪器设备和实验环境条件符合检测的技术要求。对检测全过程可能影响检测工作质量的各个要素，都实行有效的控制和管理，能够持续、稳定地提供准确可靠的检测结果。

（3）及时性，即实验室的检测服务要快速及时。为了做到及时性，就要精心安排，严格执行检测计划，做好检测过程各项准备工作，使检测工作能高效、有序地进行。试样的制备、仪器设备的校准、环境技术条件的监控、人员的培训及规范操作等都应按照技术规范的要求正常地进行。检测过程不出现和少出现差错、仪器设备故障等影响检测顺利进行的现象，以保证检测工作的及时性。

课堂习题

选择题

实验室的基本工作准则是(　　)。

A. 实验室的全体人员都能严格履行自己的职责

B. 实验室应具有同检测任务相适应的技术能力和质量保证能力

C. 实验室的检测服务要快速及时

D. 坚持公正性、科学性、及时性，做好检验测试工作

任务三　掌握分析化学基础知识

学习目标

(1) 查阅资料，了解实验室常用器皿的分类和用途。

(2) 查阅资料，熟悉实验中化学试剂的分类与规格，了解试纸的种类及使用方法。

(3) 通过查阅资料，掌握物质的量的相关知识及各物理量间的计算，并能在检验中熟练运用。

(4) 查阅资料，了解滴定分析的相关知识。

技能目标

(1) 能了解实验室常用器皿的分类和用途，掌握其正确的使用方法及有关基础知识。

(2) 了解实验中化学试剂的分类与规格、用途及储存管理的基本知识，能正确使用各级别的试剂。

(3) 了解试纸的种类，能在检验中正确地使用各类试纸。

(4) 掌握物质的量的相关知识及各物理量间的计算，并能在检验中熟练运用。

(5) 了解滴定分析的分类，能根据标准滴定溶液的浓度和体积来计算分析结果。

职业素养

(1) 坚定爱党、爱国、爱社会主义、爱人民、爱集体的理想信念。

(2) 养成解读标准的职业习惯，树立标准意识。

(3) 提高沟通表达能力和团队协作力。

知识点一　实验常用器皿

一、常用仪器

知识点一
实验常用器皿

检验常用的仪器以玻璃仪器为主，除玻璃仪器外，还有铁架台、滴定台等非玻璃仪器。电子分析天平是实验室中常用的称量仪器。

(一) 常用玻璃仪器

常用玻璃仪器的用途及注意事项见表 1-2。

表 1-2　常用玻璃仪器的用途及注意事项

名称	用途	注意事项
量筒	粗略量取一定体积的液体	不能加热，不能在其中配制溶液，不能在干燥箱中烘，不能盛热溶液
试剂瓶、细口瓶、广口瓶（棕色、无色）	细口瓶：存放液体试剂 广口瓶：存放固体试剂 棕色瓶：存放见光易变质的试剂	不能加热，不能在其中配制溶液，放碱液的试剂瓶应用橡皮塞，磨口塞要原配
移液管	准确地移取一定体积的溶液	不能加热
滴定管(酸式、碱式、无色、棕色)	容量分析滴定操作	不能加热，活塞要原配，漏水不能用；酸式、碱式滴定管不能混用
容量瓶	配制准确浓度的溶液或定量地稀释溶液	不能直接用火加热，可用水浴加热，不能存放药品，瓶塞要保持原配，漏水的不能用
烧杯	配制溶液	可直接加热，但需放在石棉网上(使其受热均匀)
锥形瓶	加热处理试样、容量分析	可直接加热，但需放在石棉网上；磨口锥形瓶加热时要打开瓶塞，非标准磨口锥形瓶要保持原配塞
圆(平)底烧瓶(蒸馏瓶)	加热或蒸馏液体，也可作少量气体发生反应器	可直接加热，但需放在石棉网上或各种加热套上；可用水浴加热
凯氏烧瓶	消解有机物	可直接加热，但需放在石棉网上，瓶口勿朝向自己及他人
试管(离心试管)	定性检验、离心分离	可直接在火上加热，但不能骤冷；离心试管只能在水浴上加热
滴瓶(棕色、无色)	盛装需滴加的试剂	不要将溶液吸入胶头内；磨口塞要原配；不要长期存放碱性溶液，存放时应使用橡皮塞
抽滤瓶	抽滤时接收滤液	属于厚壁容器，能耐负压，不可加热

（二）其他玻璃仪器

1. 蒸馏器

蒸馏器是实验室中常用的普通蒸馏设备，主要有两种类型，一种是全玻璃蒸馏器，由标准磨砂口的蒸馏瓶和冷凝管组合而成；另一种是由其他种类的蒸馏瓶和冷凝管用软连接方式组合而成的，根据实验需要可选择不同规格的蒸馏瓶和冷凝管。蒸馏瓶的规格一般为500～1 000 mL。冷凝管的规格，一种是按照有效冷凝长度划分的，常见的为250～400 mm；另一种是按其冷凝形式划分的，分为球形冷凝管、蛇形冷凝管、直形冷凝管和空气冷凝管4种(图1-1)。

蛇形冷凝管的冷凝面积最大，适用于将沸点较低的物质由蒸汽冷凝成液体；直形冷凝管的冷凝面积最小，适用于冷凝沸点较高的物质；球形冷凝管则两种情况都可以使用，还可用于回流实验。

使用冷凝管的注意事项：不可骤冷骤热，注意从下口进冷却水，上口出水。

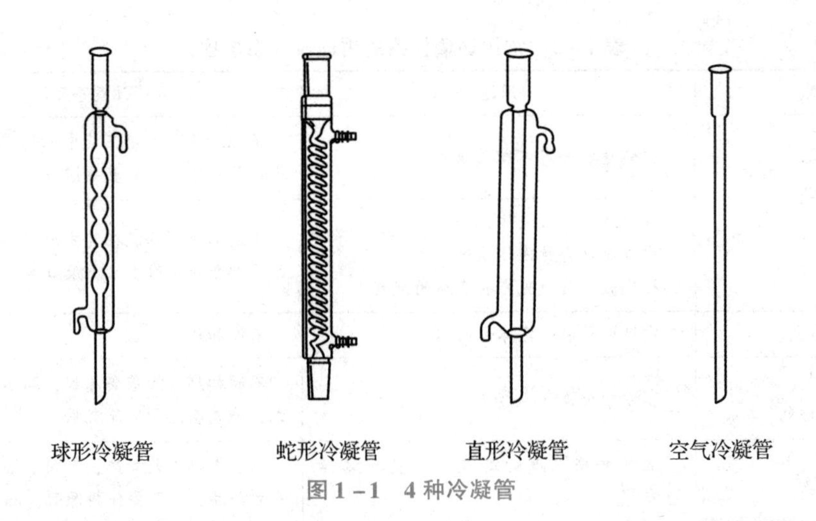

图 1－1　4 种冷凝管

2. 干燥器

干燥器用于保持烘干或灼烧过的物质的干燥，也可用于干燥少量样品。干燥器的使用方法如图 1－2 所示。

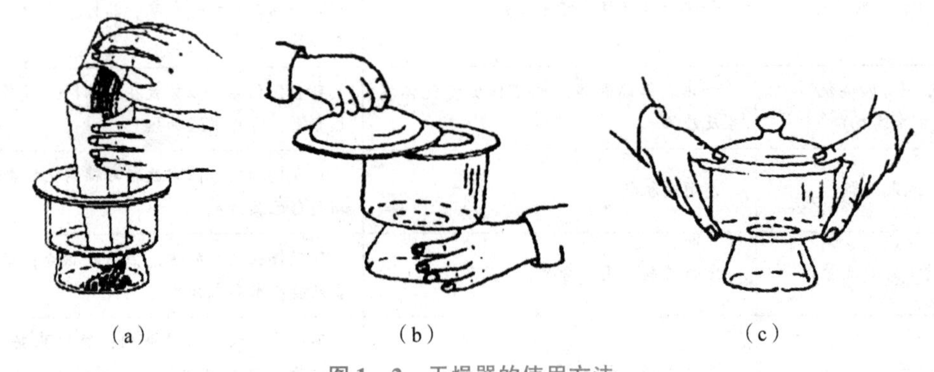

图 1－2　干燥器的使用方法

(a)装干燥剂的方法；(b)开启方法；(c)挪动方法

注意：干燥器底部放变色硅胶或其他干燥剂，盖磨口处涂适量凡士林(矿脂)；不可将红热的物体放入；放入热的物体后要时时开盖，以免盖子跳起。

3. 酒精灯

酒精灯结构简单，使用方便，但温度较低，可用于直接加热。

注意：

(1) 酒精灯以乙醇为燃料，灯内的乙醇量不能超过其总容积的 2/3。加乙醇时一定要先灭火，并等冷却后再添加，周围一定不能有明火，如不慎将乙醇洒在灯的外部，一定要擦拭干净后才能点火。

(2) 点火时绝不允许用一个酒精灯去点另一个酒精灯。

(3) 灭火时，酒精灯一定要用灯帽盖灭，不要用嘴吹。

二、玻璃仪器的洗涤方法

在检验工作中，洗涤玻璃仪器不仅是一个实验前必须做的准备工作，也是一个技术性的工作。实验室经常使用的各种玻璃仪器是否干净，常常影响到实验结果的可靠性与准确性，所以保证所使用的玻璃仪器干净是非常重要的。洗净的器皿应内壁能被水均匀润湿而不黏附水珠。洗涤玻璃仪器前，应对器皿的沾污物性质进行估计，然后选择适当的洗涤剂及洗涤方法。

（一）玻璃仪器的洗涤

1. 洗涤剂及其使用范围

（1）肥皂、皂液、去污粉、洗衣粉：多用于用毛刷直接刷洗的器皿，如烧杯、锥形瓶、试剂瓶。

（2）洗液（酸性或碱性）：多用于不便用毛刷或不能用毛刷刷洗的器皿，如滴定管、移液管、容量瓶、比色管、比色皿等，也用于刷不掉的器皿上的结垢。

（3）有机溶剂：针对不同类型的油腻污物，选用不同的有机溶剂进行洗涤，如甲苯、二甲苯、氯仿、乙酸乙酯、汽油等。如果要除去器皿上的水分，可以用乙醇、丙酮处理，最后再用乙醚处理。

2. 洗涤玻璃仪器的方法

准备一些用于洗涤各种形状仪器的毛刷，如试管刷、烧杯刷、吸量管刷等。对需准确量取溶液的量器，清洗时不宜使用毛刷，因长时间使用毛刷，容易磨损量器内壁，使量取的物质不准确。

洗涤玻璃仪器的方法如下。

（1）用水刷洗：先用皂液把手洗干净，然后用不同形状的毛刷刷洗仪器内外表面，用水冲去可溶性物质及刷掉表面黏附的灰尘。

（2）用皂液、合成洗涤剂刷洗：水洗后用毛刷蘸皂液、洗涤剂等将器皿内外全刷一遍，再用自来水边冲边刷洗。

（3）用蒸馏水（或纯水）冲洗：用自来水冲干净后，用少量蒸馏水（或纯水）冲洗器皿内壁 2~3 次即可。若挂水珠，则要重新洗涤。

3. 合成洗涤剂的性能及其使用

合成洗涤剂为高效、低毒洗涤剂，既能溶解油污，又能溶于水，对玻璃器皿的腐蚀性小，不会损坏玻璃，是洗涤器皿最佳的选择。

合成洗涤剂种类繁多，必须针对仪器沾污物的性质，采用合适的洗涤剂才能有效地洗净仪器。在使用各种不同性质的洗涤剂时，一定要把上一种洗涤剂除去后再用另一种，以免相互作用，影响洗涤效果。

4. 铬酸洗液的配制及其使用

铬酸洗液由重铬酸钾和浓硫酸配制而成，配制方法为：称取 20 g 重铬酸钾溶于 40 mL 水中，再慢慢加入 360 mL 浓硫酸（注意：千万不能将水或溶液加入浓硫酸中），边倒边用玻璃棒搅拌，并注意不要溅出，混合均匀，冷却后装入洗液瓶，备用。新配制的洗液为红褐色，氧化能力很强，对有机物的油污去除能力强，但其腐蚀性强，有一定毒性，使用时应注意安全。洗液用久后变为墨绿色，即说明洗液无氧化洗涤力，可加入固体高锰酸钾使其再生。具体方法：取废液滤出杂质，不断搅拌，缓慢加入高锰酸钾粉末，加入量为 6~8 g/L，至反应完毕，溶液呈棕色为止。静置使沉淀析出，倾取上清液，在 160 ℃以下加热，使水分蒸发，得浓稠状棕黑色液，放冷，再加入适量浓硫酸，混匀，使析出的重铬酸钾溶解，备用。

注意：

（1）这种洗液在使用时不能溅到身上，以防“烧”破衣服和损伤皮肤。

（2）使用洗液前，最好先用自来水将器皿清洗干净，这样可以延长洗液使用周期。

（3）将洗液倒入要洗的仪器中，应使仪器内壁全浸洗后稍停一会儿再倒回洗液瓶。

（4）废水不要倒在水池和下水道中，否则会腐蚀水池和下水道，应倒在废液缸中，缸满后倒在垃圾桶中。如果无废液缸，倒入水池时，要边倒边用大量的水冲洗。

5. 常用的其他洗涤液配制及其使用

（1）碱性高锰酸钾洗液：4 g 高锰酸钾溶于水中，加入 10 g 氢氧化钾，用水稀释至 100 mL。该溶液用于清洗油污或其他有机物质。

（2）草酸洗液：5～10 g 草酸溶于 100 mL 水中，加入少量浓盐酸。该溶液用于洗涤高锰酸钾洗后产生的二氧化锰。

（3）碘－碘化钾洗液(1 g 碘和 2 g 碘化钾溶于水，用水稀释至 100 mL)：用于洗涤黑褐色残留污物硝酸银。

（4）纯酸洗液：1∶1 的盐酸或硝酸，用于去除微量离子。

（5）碱性洗液：10% 氢氧化钠水溶液，加热使用去油效果较好。

（6）有机溶剂(乙醚、乙醇、苯、丙酮)：用于洗去油污或溶于该溶剂的有机物。

（7）盐酸－乙醇溶液：1∶2 盐酸－乙醇溶液，用于比色皿的清洗。

（二）成套组合专用玻璃仪器洗涤

凯氏定氮仪，除洗净仪器每个部件外，用前还应将整套装置用热蒸汽处理 5 min，以除去仪器中的空气。洗涤索氏抽提器要用乙烷、乙醚分别回流提取 3～4 h。

（三）砂芯玻璃滤器的洗涤

（1）新的滤器使用前应以热的盐酸或铬酸洗液边抽滤边清洗，再用蒸馏水洗净。可正置或者倒置用水反复抽洗。

（2）针对不同沉淀物，采用适当的洗涤剂(表 1－3)先溶解沉淀，或用水抽洗沉淀物，再用蒸馏水冲洗干净。在 110 ℃烘干的升温和冷却过程都要缓慢进行，以防裂损。然后将滤器保存在无尘的柜或有盖的容器中，否则积存的灰尘和沉淀堵塞滤孔很难洗净。

表 1－3　洗涤砂芯玻璃滤器常用的洗涤液

沉淀物	洗涤液
AgCl	氨水(1∶1)或 10% $Na_2S_2O_3$ 水溶液
$BaSO_4$	用 100 ℃浓硫酸或 EDTA－NH_3 水溶液(3% EDTA 二钠盐 500 mL 与浓氨水 100 mL 混合)，加热近沸
汞渣	热浓硝酸
有机物质	铬酸洗液浸泡或温热洗液抽吸
脂肪	CCl_4 或其他适当的有机溶剂
细菌	化学纯浓硫酸 5.7 mL，化学纯 $NaNO_3$ 2 g，纯水 94 mL，充分混匀，抽气并浸泡 48 h 后以热蒸馏水洗净

（四）吸收池（比色皿）的洗涤

吸收池（比色皿）是光度分析最常用的器件，要注意保护好透光面；拿取时手指应捏住毛玻璃面，不要接触透光面，玻璃或石英吸收池在使用前要充分洗净。根据污染情况，吸收池（比色皿）可以用冷的或温热的（40～50 ℃）阴离子表面活性剂碳酸钠溶液（2%）浸泡，加热 10 min 左右；也可用硝酸、重铬酸钾洗液（测 Cr 和紫外区测定时不用）、磷酸三钠、有机溶剂等洗涤。对于有色物质的污染，可以用 HCl（3 mol/L）－乙醇（1∶1）溶液洗涤。用自来水、实验室用纯水充分洗净后倒立在纱布或滤纸上控去水；如急用，可用乙醇、乙醚润洗后用吹风机吹干。

光度测定前可用柔软的棉织物或纸吸去光学面的液珠，将擦镜纸折叠为 4 层，轻轻擦拭至透明。

三、玻璃仪器的干燥和存放

（一）玻璃仪器的干燥

做实验经常用到的玻璃器皿应在每次实验完后洗净备用。不同实验对玻璃仪器的干燥程度有不同的要求，一般定量分析中用的烧杯、锥形瓶等仪器洗净即可使用；而用于有机化学实验或有机分析的仪器很多是要求干燥的，有的要求没有水迹，有的则要求无水。应根据不同要求来干燥仪器。

（1）晾干：不急用的要求一般干燥的仪器，可在纯水刷洗后在无尘处倒置控去水分，然后自然干燥。可用带有气孔的玻璃柜放置仪器。

（2）烘干：洗净的仪器沥去水分，放在电热干燥箱或红外干燥箱中烘干，干燥箱温度为 105～120 ℃，烘干 1 h 左右。称量用的称量瓶等在烘干后要放在干燥器中冷却和保存。砂芯玻璃滤器、带实心玻璃塞的及厚壁的仪器烘干时要注意慢慢升温并且温度不可过高，以免烘裂。玻璃量器的烘干温度不得超过 150 ℃，以免引起容积变化。

（3）吹干：急需干燥又不便于烘干的玻璃仪器，可以使用电吹风吹干。

将少量乙醇、丙酮（或最后用乙醚）倒入仪器中润洗，流净溶剂后，再用电吹风吹干。开始先用冷风，然后吹入热风至干燥，再用冷风吹去残余的溶剂蒸气。此法要求通风好，要防止中毒，并要避免接触明火。

（二）玻璃仪器的存放

在储藏室里，玻璃仪器要分门别类地存放，以便取用。下面是一些仪器的存放方法。

（1）移液管：洗净后置于防尘的盒中。

（2）滴定管：用毕洗去内装的溶液，用纯水刷洗后注满纯水，上盖玻璃短试管或塑料套管，也可倒置夹于滴定管夹上。

（3）比色皿：用毕后洗净，在小瓷盘或塑料盘下垫滤纸，倒置晾干后收于比色皿盒或洁净的器皿中。

（4）带磨口塞的仪器：容量瓶或比色管等最好在清洗前就用小线绳或橡皮筋把塞和管口栓好，以免打破塞子或弄混。需长期保存的磨口仪器要在塞间垫一张纸片，以免日久粘住。

四、打开粘住的磨口塞的方法

当磨口塞打不开时，如用力拧很容易拧碎，可试用以下方法：用木器敲击粘住的磨砂口部件的一边，使粘住部位因受振动而渐渐松动脱离；加热磨口塞外层，可用热水、电吹风、小火烤，间以敲击；在磨口固着的缝隙滴加几滴渗透力强的液体，如石油醚等溶剂或稀表面活性剂溶液等，有时几分钟就能打开，但有时需几天才见效。

要打开粘住的磨口塞，针对不同的情况可采取以下相应的措施。

（1）凡士林等油状物质粘住瓶塞，可以用电吹风或微火慢慢加热使油类黏度降低，或熔化后用木棒轻敲塞子来打开。

（2）活塞长时间不用因尘土等粘住，可把它泡在水中，几小时后可打开。

（3）被碱性物质粘住瓶塞的试剂瓶，可将其泡在水中加热至沸，再用木棒轻敲塞子来打开。

（4）内有试剂的试剂瓶塞打不开时，若瓶内是腐蚀性试剂，如浓硫酸等，要在瓶外放好塑料圆桶以防瓶破裂。并且操作者要戴安全护面罩，脸部不要离瓶口太近。打开盛有毒气体的瓶塞要在通风橱内操作。

（5）对于因结晶或碱金属盐沉积及强碱粘住的瓶塞，可把瓶口泡在水中或稀盐酸中，经过一段时间才能打开。

（6）将粘住的瓶塞部位置于超声波清洗机的盛水清洗槽中，通过超声波的振动和渗透作用打开瓶塞，此法效果很好。

课堂习题

选择题

（1）不属于玻璃仪器常用干燥方法的是(　　)。

A. 晾干　　B. 烘干　　C. 吹干　　D. 烤干

（2）使用冷凝管时，从________口进冷却水，________口出水。(　　)

A. 下，上　　B. 上，下　　C. 左，右　　D. 右，左

知识点二　化学试剂和试纸

一、化学试剂

知识点二　化学试剂和试纸

按化学试剂的用途和化学组成，通常将化学试剂分为无机分析试剂、有机分析试剂、特效试剂、基准试剂、标准物质、指示剂和试纸、仪器分析试剂、生化试剂、高纯物质等。

（一）一般试剂的级别、标签颜色和适用范围

《化学试剂　包装及标志》(GB/T 15346—2012)中规定了化学试剂的级别及相对应的标签颜色，见表1－4。

表 1-4 常用化学试剂

级别	符号	适用范围	标签颜色
优级纯	GR	纯度高，适用于精密分析，可作基准物质	深绿色
分析纯	AR	纯度较高，适用于多数分析和科研，如配制滴定溶液，用于鉴别及杂质检查等	金光红色
化学纯	CP	只用于配制半定量、定性分析中的试液和清洁液等，用于一般化学实验，有较少的杂质	中蓝色
基准试剂	PT	用于标定滴定分析用标准溶液的标准参考物质。可作为基准物使用，也可精确称量后直接配制标准溶液。含量在 99.95% ~ 100.05%，杂质含量略低于优级纯或相当	深绿色
生物染色剂	BS	配制微生物标本的染色液	玫红色

(二) 毒性试剂的管理及使用

实验用的毒性(剧毒)试剂常用的有砷盐、铅盐、汞盐、钡盐及氰化物。

剧毒试剂必须在专柜(铁柜)中保存，专账记录，实行“双人双锁”管理。其配制试液也应专人专柜、上锁保管。

剩余的剧毒试剂和配制试液不得随意倒入下水道，须采用适宜的方法处理，以下废弃物的处理方式可供参考。

(1) 含钡废液：在废液中加入硫酸钠，使其生成硫酸钡沉淀，清液可排放，滤渣需处理。

(2) 含铅废液：在废液中加入 $Ca(OH)_2$，调节 pH 至 8 ~ 10，使废液中的 Pb^{2+} 生成 $Pb(OH)_2$ 沉淀，加入硫酸亚铁作为共沉淀剂，清液可排放，滤渣需处理。

(3) 含汞废液：废液先调节 pH 至 8 ~ 10，加入过量硫化钠，使其生成硫化汞沉淀，再加入硫酸亚铁作为共沉淀剂，清液可排放，滤渣需处理。

(4) 含砷废液：废液调节 pH 至 10 以上，加入过量硫化钠，与砷反应生成难溶、低毒的硫化物沉淀，清液可排放，滤渣需处理。

(5) 含氰废液：加入氢氧化钠使 pH 至 10 以上，加入过量的 3%(质量分数)高锰酸钾溶液，使 CN^- 氧化分解成无毒的物质。

(6) 含氟废液：加入 $Ca(OH)_2$，使生成氟化钙沉淀，收集滤渣，清液可排放，滤渣需处理。

(三) 对照品和标准品的日常使用

(1) 对照品和标准品应按说明书的规定进行储藏，并在有效期内使用。

(2) 配制后的对照品和标准品溶液不能无限期使用。

(3) 对照品除另有规定外，均按干燥品或无水物计算后使用：根据对照品的性质采用适宜的干燥方法处理后直接称量。

干燥处理方法：按说明书的规定进行干燥；如说明书未规定，通常按该品种原料质量标准(检查)项中检查(干燥失重)的方法干燥或采取减压干燥等不影响对照品正常使用的方法处理。

（四）化学试剂使用注意事项

（1）不同的分析方法对试剂有不同的要求。因不同等级的试剂其价格往往相差很远，纯度越高，价格越贵，因此，应根据分析任务、分析方法和对分析结果准确度的要求，合理选用不同等级的试剂。在满足实验要求的前提下，选用试剂的级别就低不就高。不同等级试剂选择不当，会造成资金浪费或影响化验结果。

（2）化验员应熟知试剂的性质（如市售酸碱的浓度，试剂在水中的溶解度，有机溶剂的沸点、燃点，试剂的腐蚀性、毒性、爆炸性等）。

（3）保护包装瓶上的标志，分装或配制试剂后应立即贴标签。决不可在瓶中装与标签不符的物质。无标签的试剂可取小样检定，不能用的要慎重处理，不应乱倒。

（4）取样：固体用洁净药匙从试剂瓶中取出，决不可用手抓取；液体可用洁净量筒量取，不要用吸管伸入原试剂瓶吸取；取出的试剂不可倒回原瓶。

（5）打开易挥发试剂瓶时，不可把瓶口对准自己脸部或别人。化学试剂不可用舌头品尝，一般不能作为药用或食用。

（6）不可用鼻子对准试剂瓶猛吸气，应将鼻子远离试剂瓶，用手在试剂瓶上方扇动，将空气扇向自己闻气味。

二、实验试纸

1. 实验试纸的种类

（1）石蕊（红色、蓝色）试纸：用来定性检验气体或溶液的酸碱性。pH 小于 5 的溶液或酸性气体能使蓝色石蕊试纸变红色；pH 大于 8 的溶液或碱性气体能使红色石蕊试纸变蓝色。

（2）pH 试纸：用来粗略测定溶液的 pH（或酸碱性强弱）。pH 试纸遇到酸碱性强弱不同的溶液时，显示出不同的颜色，可与标准比色卡对照确定溶液的 pH。pH 试纸分为广泛试纸和精密试纸两种。广泛试纸的测量范围为 1～14，精确度是整数，只能粗略确定溶液的 pH。精密试纸可以较精确地测定溶液的 pH，将 pH 精确到小数点后一位。精密试纸是按测量区间分类的，有 0.5～5.0、0.1～1.2、0.8～2.4 等。超过测量的范围，精密 pH 试纸就无效了。可以先用广泛试纸大致测出溶液的酸碱性，再用精密试纸进行精确测定。

（3）淀粉碘化钾试纸：用来定性地检验氧化性物质。碘化钾遇较强的氧化剂时，被氧化成碘，碘与淀粉作用而使试纸显示蓝色。

（4）乙酸铅（或硝酸铅）试纸：用来定性地检验含硫离子的溶液。如生成黑色的 PbS，会使试纸变黑色。

（5）品红试纸：用来定性地检验某些具有漂白性的物质。该试纸遇到有漂白性的物质时会褪色（变白）。

（6）刚果红试纸：用于检测无机酸。无机酸会使该试纸变蓝色。

2. 试纸的使用方法

（1）可根据待测溶液的酸碱性选用某一范围的 pH 试纸。测定方法是将试纸条剪成小块，用镊子夹一小块试纸（不可用手拿，以免污染试纸），用玻璃棒蘸少许溶液与试纸接触，试纸变色后与色阶板对照，估读出所测 pH。切不可将试纸直接放入溶液中，以免污染样品溶液，也可将小块试纸放在白色点滴板上观察和估测。试纸要存放在有盖的容器中，以免受到实验室内各种气体的污染。

(2) 检验溶液的性质：取一小块试纸放在表面皿或玻璃片上，用蘸有待测溶液的玻璃棒或胶头滴管点于试纸的中部，观察颜色的变化，判断溶液的性质。

(3) 检验气体的性质：先用蒸馏水把试纸润湿，粘在玻璃棒的一端，再用玻璃棒将试纸靠近气体，观察颜色的变化，判断气体的性质。

注意：

①试纸不可直接伸入溶液。

②试纸不可接触试管口、瓶口、导管口等。

③测定溶液的 pH 时，试纸不可事先用蒸馏水润湿，因为润湿试纸相当于稀释被检验的溶液，这会导致测量不准确。正确的方法是用蘸有待测溶液的玻璃棒点在试纸的中部，待试纸变色后，再与标准比色卡比较来确定溶液的 pH。

④取出试纸后，应将盛放试纸的容器盖严，以免被实验室的一些气体污染。

课堂习题

选择题

(1) 优级纯试剂简称________，规定颜色为________。(　　)

A. GR，绿色　　B. AR，红色　　C. CP，蓝色　　D. GR，红色

(2) 分析纯试剂简称________，规定颜色为________。(　　)

A. GR，绿色　　B. AR，红色　　C. CP，蓝色　　D. GR，红色

(3) 一般分析实验和科学研究中使用________。(　　)

A. 优级纯试剂　　B. 分析纯试剂

C. 化学纯试剂试剂　　D. 实验试剂

知识点三　溶液浓度的表示方法

一、物质的量

知识点三　溶液浓度的表示方法

摩尔(符号 mol)是国际单位的一种基本单位，它用来计量原子、分子或离子等微观粒子的物质的量。像时间、质量一样，物质的量也是一种物理量。摩尔这个单位不但应用在化学方面，而且广泛应用于其他科学研究领域及工农业生产等方面。

我们知道，物质是由众多极微小的粒子构成的，而分子、原子、离子等这些构成物质的粒子是我们肉眼看不见的，虽然它们本身具有一定的质量，但难以称量。如果我们取众多粒子的集合体时，就可以称量了，这样在进行研究和计算时，就会带来很多方便。摩尔这个单位就是把微观的粒子集体与宏观的可称量的物质联系起来的桥梁。

（一）摩尔

科学上以 0.012 kg ^{12}C 中所含碳原子个数作为摩尔的基准（^{12}C 就是原子里含有 6 个质子和 6 个中子的碳原子）。0.012 kg ^{12}C 含有的碳原子数就是阿伏伽德罗常数。阿伏伽德罗常数的符号为 N_A。该常数是经过实验测得的比较准确的数值，在实际运用中则采用 6.02×10^{23}这个非常近似的数值。

摩尔是表示物质的量的单位，每摩尔物质含有阿伏伽德罗常数个粒子。粒子集体中的粒子既可以是分子、原子，也可以是离子或电子等。因此，在使用摩尔这个单位时，应指明粒子的种类，如 0.5 mol O_2、1 mol H_2、2 mol Na^+等，再如，

1 mol H_2含有 6.02×10^{23}个 H_2分子；

1 mol C 含有 6.02×10^{23}个 C 原子；

1 mol SO_4^{2-} 含有 6.02×10^{23}个 SO_4^{2-} 。

物质的量（n）、阿伏伽德罗常数（N_A）与粒子数（N）之间存在下述关系：

$$n=\frac{N}{N_A}$$

阿伏伽德罗常数虽是个很大的数值，但以摩尔作为物质的量的单位应用起来却极为方便。这是因为单个碳原子难以称量，而 6.02×10^{23}个碳原子就易于称量，其质量为 12 g。由此，我们可以推算 1 mol 任何原子的质量。

我们知道，元素的原子量是以^{12}C 质量的 1/12 作为标准的，根据元素原子量的定义可知，1 个碳原子和 1 个氢原子的质量比为 12∶1。由于 1 mol ^{12}C 和 1 mol H 所含有的原子数目相同，都为 6.02×10^{23}个，所以 1 mol ^{12}C 和 1 mol H 的质量比也应为 12∶1。1 mol ^{12}C 是 12 g，那么，1 mol H 的质量就是 1 g。同理，1 mol 任何原子的质量，就是以克为单位，在数值上等于该种原子的原子量。例如，O 的原子量是 16，1 mol O（氧原子）的质量是 16 g；Cu 的原子量是 63.55，1 mol Cu 的质量是 63.55 g。

同理可以推知，1 mol 任何物质的质量以 g 为单位，数值上等于这种物质的分子量。例如，

SO_2的分子量是 64，1 mol SO_2的质量是 64 g；

H_2O 的分子量是 18，1 mol H_2O 的质量是 18 g；

NaCl 的分子量是 58.5，1 mol NaCl 的质量是 58.5 g。

我们还可以推知 1 mol 任何离子的质量。由于每个电子相对于整个原子来说，它的质量很微小，因此失去或得到的电子的质量可以忽略不计。例如，1 mol H^+的质量是 1 g；1 mol SO_4^{2-} 的质量是 96 g；1 mol Cu^{2+}的质量是 63.55 g。

（二）摩尔质量

我们将单位物质的量的物质所具有的质量称为摩尔质量。也就是说，物质的摩尔质量是该物质的质量与该物质的物质的量之比。摩尔质量的符号为 M，常用的单位为 g/mol。例如，Na 的摩尔质量为 23 g/mol；NaCl 的摩尔质量为 58.5 g/mol；SO_4^{2-} 的摩尔质量为 96 g/mol。

物质的量（n）、物质的质量（m）和物质的摩尔质量（M）之间存在着下述关系：

$$M=\frac{m}{n}$$

二、溶液浓度表示方法及溶液配制

溶液是由至少两种物质组成的均一、稳定的混合物，被分散的物质(溶质)以分子或更小的质点分散于另一物质(溶剂)中。溶液浓度表示在一定量溶液(或溶剂)中所含溶质的量。同一浓度的溶液，如果使用的单位不同，则浓度的数值就不同。溶液浓度的表示方法有许多种，如物质的量浓度、质量分数、质量浓度、体积分数、比例浓度等。

(一) 物质的量浓度

以单位体积溶液里所含溶质的物质的量来表示溶液组成的物理量，称为溶质的物质的量浓度，物质的量浓度的符号为 c，常用的单位为 mol/L。

在一定的物质的量浓度的溶液中，溶质的物质的量(n)、溶液的体积(V)和溶质的物质的量浓度(c)之间的关系可以用下面的式子表示：

$$c = \frac{n}{V}$$

式中 c——物质的量浓度，mol/L；

n——溶质的物质的量，mol；

V——溶液的体积，L。

如 1 L 溶液中含蔗糖 1 mol，则该溶液中蔗糖的物质的量浓度就是 1 mol/L。又如，1 mol 的 NaCl 的质量是 58. 5 g，把 58. 5 g NaCl 溶解在适量的水里制成 1 L 溶液，则该溶液中 NaCl 的物质的量浓度就是 1 mol/L。

但是，将 58. 5 g NaCl 溶于 1 L 水中，此溶液的物质的量浓度不为 1 mol/L。因为在物质的量浓度的表达式里，用的是溶液的体积而不是溶剂的体积。

(二) 质量分数

溶质的质量分数是指溶质的质量($m_{质}$)与溶液的质量($m_{液}$)之比，以 ω 表示，即

$$\omega = \frac{m_{质}}{m_{液}}$$

式中 ω——溶质的质量分数；

$m_{质}$——溶质的质量；

$m_{液}$——溶液的质量。

【例 1-1】 预配制 40% NaOH 溶液 500 g，如何配制？

解：

$$m_{质} = (500 \times 40\%)\ \text{g} = 200\ \text{g}$$

$$m_{液} = (500 - 200)\ \text{g} = 300\ \text{g}$$

配法：称取 NaOH 固体 200 g，加蒸馏水 300 g。若水的密度是 1 g/mL，可加水 300 mL，混匀。

(三) 质量浓度

溶质的质量浓度是指单位体积溶液中所含溶质的质量，以 ρ 表示，常用单位是 g/L，即

$$\rho = \frac{m}{V}$$

式中 ρ——溶质的质量浓度，g/L；

m——溶质的质量，g；

V——溶液的体积，L。

【例1-2】 预配制20 g/L $Na_2S_2O_3$溶液200 mL，如何配制？

解：

$$\rho = \frac{m}{V}$$

$$m = \rho V = \left(20 \times \frac{200}{1\ 000}\right) \text{g} = 4 \text{ g}$$

配法：称取$Na_2S_2O_3$固体4 g，加蒸馏水稀释至200 mL，混匀。

（四）体积分数

体积分数表示100 mL溶液中所含溶质的体积（mL）数，多用于液体溶于液体之中的溶液浓度的计算，用溶质的体积（$V_{质}$）除以溶液的体积（$V_{液}$），以φ表示，即

$$\varphi = \frac{V_{质}}{V_{液}}$$

将液体试剂稀释时，多采用这种浓度表示，$\varphi(C_2H_5OH) = 0.75$，也可以写成$\varphi(C_2H_5OH) = 75\%$。

【例1-3】 预配制$\varphi(C_2H_5OH) = 75\%$的乙醇溶液100 mL，如何配制？

解：$V_{质} = 75\% \times 100 \text{ mL} = 75 \text{ mL}$

配法：量取无水乙醇75 mL，加水稀释至100 mL，混匀。

（五）比例浓度

比例浓度是实验室里常用的粗略表示溶液（或混合物）浓度的一种方法，包括容量比浓度和质量比浓度两种浓度表示方法。

容量比浓度，指液体试剂混合或将溶剂（大多数为水）稀释时的表示方法。如（1+3）（$V_1 + V_2$）盐酸溶液，表示1体积市售浓盐酸与3体积蒸馏水相混而成的溶液。有的国家标准中也写成（1：3）盐酸溶液，意义完全相同。

质量比浓度，指两种固体试剂相互混合的表示方法。如1+100（$m_1 + m_2$）钙指示剂-氯化钠混合指示剂，表示1个单位质量的钙指示剂与100个单位质量的氯化钠相互混合，这是一种固体稀释方法。

【例1-4】 预配制（1+3）的盐酸溶液200 mL，如何配制？

解：

$$V_A = V \times \frac{A}{A+B} = \left(200 \times \frac{1}{1+3}\right) \text{mL} = 50 \text{ mL}$$

$$V_B = (200 - 50) \text{ mL} = 150 \text{ mL}$$

配法：量取市售浓盐酸50 mL，缓缓注入150 mL蒸馏水中，混匀。

三、关于化学反应方程式的计算

（一）物质的量应用于化学方程式的计算

物质是由原子、分子或离子等粒子组成的，物质之间的化学反应也是这些粒子按一定的数目关系进行的。化学方程式可以明确地表示出化学反应中这些粒子数之间的关系。这些粒子之间的数目关系，就是化学计量数（v）的关系，如，

	$2H_2$	+	O_2	$\xlongequal{点燃}$	$2H_2O$
化学计量数 v 之比	2	:	1	:	2
扩大 6.02×10^{23} 倍	$2\times6.02\times10^{23}$	:	$1\times6.02\times10^{23}$	:	$2\times6.02\times10^{23}$
物质的量之比	2 mol	:	1 mol	:	2 mol

从上例可以看出，方程式中各物质的化学计量数之比，等于参加反应的各物质的粒子数之比，因而也等于各物质的物质的量之比。这给化学计算带来很大的方便。

由于化学方程式可以表示各物质之间的物质的量之比，所以允许出现非整数。例如，

$$H_2(g)+1/2O_2(g)=\!=\!=H_2O(g)+241.8\ \text{kJ}$$

（二）化学反应中的能量变化

化学反应都有新物质产生，同时还伴随着能量变化。人们利用化学反应，有时是为了制取所需要的物质，有时却是为了利用化学反应所释放的能量。例如，人们利用氢氧焰来焊接金属，主要是利用氢气和氧气化合时所放出的能量。化学反应中的能量变化，通常表现为热量的变化。化学上把放出热量的化学反应称为放热反应。例如，碳、天然气等在氧气中的燃烧。化学上把吸收热量的化学反应称为吸热反应。例如，氯酸钾、碳酸钙的分解反应，灼热的碳与二氧化碳的反应也是吸热反应。化学反应所释放的能量是当今世界上重要的能源之一。在化工生产中，为保证正常、安全地生产，也需要掌握化学反应中的能量变化情况。在化学反应过程中放出或吸收的热量，通常称为反应热，用符号 ΔH 表示，单位一般采用 kJ/mol。对于放热反应，由于反应后放出热量而使反应本身的能量降低，因此，规定放热反应的 ΔH 为“－”。反之，对于吸热反应，由于反应通过加热、光照等吸收能量而使反应本身的能量升高，因此，规定吸热反应的 ΔH 为“＋”。许多化学反应的反应热，可以直接测量，其测量仪器称为量热计。实验测得，1 mol 碳在氧气中燃烧成为二氧化碳，放出 393.5 kJ 的热量。

$$C(s)+O_2(g)=\!=\!=CO_2(g);\ \Delta H=-393.5\ \text{kJ/mol}$$

当 1 mol 水蒸气与灼热的碳接触时，发生的是吸热反应。

$$C(s)+H_2O(g)=\!=\!=CO(g)+H_2(g);\ \Delta H=+131.3\ \text{kJ/mol}$$

这种表明反应时放出或吸收热量的化学方程式称为热化学方程式。

在化学反应中，吸收或放出热量的多少与反应物和生成物的聚集状态、测定时的温度及压力有关。所以，在热化学方程式中应注明各物质的状态和测定时的温度和压力。如果是在 101 kPa 和 25 ℃时的数据，可不指明测定条件，但需注明 ΔH 的正负。

例如，在 25 ℃、101 kPa 下，1 mol 氢气和 1/2 mol 氧气化合生成 1 mol 水蒸气时放出的热量为 241.8 kJ，生成 1 mol 液态水时放出的热量为 285.8 kJ，其热化学方程式分别为

$$H_2(g)+1/2O_2(g)=\!=\!=H_2O(g);\ \Delta H=-241.8\ \text{kJ/mol}$$

$$H_2(g)+1/2O_2(g)=\!=\!=H_2O(1);\ \Delta H=-285.8\ \text{kJ/mol}$$

此外，热化学方程式各物质前的化学计量数只表示物质的量，而不代表分子个数，因此，它可以是整数，也可以是分数。对于相同物质的反应，当化学计量数不同时，其 ΔH 也不同。例如，

$$H_2(g)+Cl_2(g)=\!=\!=2HCl(g);\ \Delta H=-184.6\ \text{kJ/mol}$$

$$1/2H_2(g) + 1/2Cl_2(g) = HCl(g); \Delta H = -92.3\ kJ/mol$$

显然，对于上述相同物质的反应，前者的ΔH是后者的2倍。

应用热化学方程式可以计算化学反应过程中热量的变化情况，从而更好地利用能量。

（三）溶液浓度的相关计算

对一定物质的量浓度的溶液进行稀释和浓缩时，稀释和浓缩前、后溶质的物质的量始终不变。

稀释前浓度×稀释前体积=稀释后浓度×稀释后体积

即

$$c_1 \times V_1 = c_2 \times V_2$$

如要配制2 mol/L HCl溶液500 mL，需要取用12 mol/L HCl溶液多少？

$$c_1 \times V_1 = c_2 \times V_2$$

$$12\ mol/L \times V_1 = 2\ mol/L \times 500\ mL$$

$$V_1 \approx 83.33\ mL$$

溶液浓度计算过程时经常用到下式：

$$c = \frac{1\,000 \times \rho \times \omega}{M}$$

式中 c——物质的量浓度，mol/L；

ρ——溶液的密度，g/mL；

ω——溶液的质量分数；

M——物质的摩尔质量，g/mol。

如分析纯的浓硫酸中溶质硫酸的质量分数是98%，密度为1.84 g/mL，计算该硫酸的物质的量浓度。

根据$c = \frac{1\,000 \times \rho \times \omega}{M}$，代入数据，得

$$c = \frac{1\,000 \times 1.84 \times 98\%}{98} = 18.4(mol/L)$$

课堂习题

一、选择题

（1）已知氢氧化钾的摩尔质量为56 g/mol，要配制0.1 mol/L氢氧化钾标准溶液0.1 L，所需氢氧化钾（　　）g。

A. 560　　B. 56　　C. 5.6　　D. 0.56

（2）物质的量浓度是指1 L溶液中含该溶质的（　　）数。

A. 克　　B. 毫克　　C. 分子　　D. 摩尔

二、计算题

（1）配制$c(NaOH)$=0.5 mol/L溶液500 mL，需取NaOH多少克？

（2）已知：浓盐酸的密度是1.18 g/mL，质量分数是36%，如何配制1 000 mL 0.5 mol/L的盐酸溶液？

知识点四　滴定分析

一、滴定分析法的过程、分类和特点

知识点四
滴定分析

(一) 滴定分析法的过程

滴定分析法是分析化学中的重要分析方法之一。它是将一种已知其准确浓度的试剂溶液滴加到待测物质的溶液中，直到化学反应完全时终止，然后依据所用试剂溶液的浓度和消耗的体积，利用化学反应的计量关系求出被测组分的含量，故称为滴定分析法，又称容量分析法。在利用滴定分析法进行定量分析时，所使用的已知浓度的试剂称为标准溶液或者滴定剂。将被测物质的溶液置于一定容器中，并加入少许适量的指示剂，标准溶液从滴定管加到被测物质溶液中的操作过程称为滴定。

当滴入的标准溶液与被测物质定量且完全反应时，反应达到了化学计量点。计量点一般根据指示剂的变色来判断。滴定过程中，指示剂恰好发生颜色变化的转折点称为滴定终点。滴定终点与化学计量点不一定恰好符合，由此造成的分析误差称为终点误差。终点误差是滴定分析误差的主要来源之一。它的大小取决于化学反应的完全程度和指示剂的选择及其用量是否恰当。因此，必须选择适当的指示剂才能使滴定终点尽量地接近化学计量点，以减小分析误差。

(二) 滴定分析法的分类

根据分析过程所利用的反应不同，滴定分析法可分为以下 4 种。

1. 酸碱滴定法(或称中和滴定法)

酸碱滴定法是利用酸、碱之间质子传递反应的滴定方法，也称为中和滴定法。该方法主要用于酸、碱的测定，如 $NaOH + HCl \xlongequal{} NaCl + H_2O$，可用酸作标准溶液测定碱及碱性物质；也可用碱作标准溶液测定酸及酸性物质。

2. 氧化还原滴定法

氧化还原滴定法是以溶液中氧化剂和还原剂之间的电子转移为基础的一种滴定分析方法，可以测定各种氧化性和还原性物质的含量，以及一些能与氧化剂或还原剂起定量反应的物质的含量。例如，用高锰酸钾标准溶液测定过氧化氢的含量，在酸性条件下其反应式如下：

$$2MnO_4^- + 5H_2O_2 + 6H^+ \xlongequal{} 2Mn^{2+} + 5O_2\uparrow + 8H_2O$$

3. 络合滴定法

络合滴定法是以络合反应(形成配合物)为基础的滴定分析方法，又称配位滴定法。络合反应广泛地应用于分析化学的各种分离与测定中，如许多显色剂、萃取剂、沉淀剂、掩蔽剂等都是络合剂。常用乙二胺四乙酸的钠盐(EDTA)作标准溶液，测定各种金属离子的含量。其反应式为

$$M^{n+} + Y^{4-} \xlongequal{} MY^{n-4}$$

式中　M^{n+}——金属离子；

　　　Y^{4-}——EDTA 的阴离子。

4. 沉淀滴定法(或称重量沉淀法)

沉淀滴定法是利用沉淀反应进行容量分析的方法。根据滴定分析对化学反应的要求，适合作为滴定用的沉淀反应必须满足以下要求：

(1) 反应速率快，生成沉淀的溶解度小。

(2) 反应按一定的化学式定量进行。

(3) 有准确确定化学计量点的方法。

由于上述条件的限制，能应用于沉淀滴定法的反应比较少，目前应用最多的是生成难溶银盐的反应，称为银量法。例如，

$$Ag^{-} + Cl^{-} = AgCl\downarrow (白)$$

这些方法具有不同的特点和局限性，同一物质可能有多种不同的分析方法。因此，首先应对试样的组成及被测组分的性质、含量和分析结果准确度的要求等方面进行分析，然后选用适当的分析方法。

(三) 滴定分析法的特点

滴定分析法作为定量分析中的一种重要分析方法，在分析化学和科学研究上广泛应用。该方法具有以下特点。

(1) 加入标准溶液物质的量与被测物质的量恰好是化学计量关系。

(2) 滴定分析通常用于测定常量组分(≥1%)，在适当条件下，有时也可以测定微量组分。

(3) 具有快速、准确、仪器设备简单、操作简便、用途广泛的特点，可以适用于多种化学反应类型的分析测定。

(4) 分析结果的准确度比较高，一般情况下滴定相对误差在0.2%左右。

二、滴定分析法对化学反应的要求

在基础化学中，我们学习了很多有关酸碱、氧化还原、络合、沉淀等的化学反应，但并不都能应用于滴定分析，适于滴定分析的化学反应要满足以下条件。

(1) 反应必须定量进行，无副反应发生，反应程度要在99.9%以上。

(2) 反应速率要快，要求在瞬间完成，对于速度较慢的反应，有时通过加热或加入催化剂等方法加快反应速率。

(3) 能找到适当的方法来确定反应的计量点(或滴定终点)，如通过加入的指示剂变色或者采用物理、化学的方法来确定。

(4) 反应不应该受到共存物质的干扰。在滴定条件下，共存物质不与滴定剂作用，或者采用适当的方法消除其干扰。

三、滴定分析法的滴定方式

按反应类型不同，滴定分析法的滴定方式有以下4种。

(一) 直接滴定法

用标准溶液直接滴定被测物质的方法称为直接滴定法，这是滴定分析法中最常用的滴定方法。只有完全满足滴定分析对化学反应要求的滴定反应才能用此滴定方式。

例如，用标准溶液 HCl 滴定 NaOH 溶液的酸碱中和滴定法；以 $KMnO_4$ 标准溶液滴定 Fe^{2+} 的氧化还原滴定法，都属于直接滴定法，化学反应式为

$$HCl + NaOH = NaCl + H_2O$$

$$MnO_4^- + 5Fe^{2+} + 8H^+ = Mn^{2+} + 5Fe^{3+} + 4H_2O$$

（二）返滴定法

在试样溶液中加入过量的标准溶液与组分反应，再用另一种标准溶液滴定过量部分，从而求出组分含量的滴定方式称为返滴定法。

返滴定法主要用于下列情况。

（1）采用直接滴定法缺乏符合要求的指示剂，或者被测离子对指示剂有封闭作用。

（2）被测物质与滴定剂反应速率太慢。

（3）被测物质发生水解等反应。

例如，Al^{3+} 的络合滴定有下列问题：Al^{3+} 对二甲酚橙（XO）等指示剂有封闭作用；Al^{3+} 与 EDTA 反应速率太慢；在酸度较低时，Al^{3+} 水解形成多核羟基络合物，故测定 Al^{3+} 只能采用返滴定法。可在其试样中加入过量的 EDTA 标准溶液，并加热促使反应完全，冷却好后，剩余的 ETDA 可用标准 Zn^{2+} 或 Cu^{2+} 溶液返滴定。

有时采用返滴定法是因为某些反应没有合适的指示剂，如在酸性溶液中用 $AgNO_3$ 滴定 Cl^-，缺少合适的指示剂，因此可先加过量的 $AgNO_3$ 标准溶液，再以三价铁盐为指示剂，用 NH_4SCN 标准溶液返滴过量的 Ag^+，出现 $[Fe(SCN)]^{2+}$ 淡红色即为滴定终点。

（三）置换滴定法

对于伴有副反应的化学反应不能按确定的反应式化学计量完成，或者易受空气影响不能直接滴定的物质，可以将被测物质与另一种试剂起反应，置换出能用标准溶液滴定的物质，然后用标准溶液以可行的直接滴定法或返滴定法滴定其生成物，这种滴定方式称为置换滴定法。

例如，$Na_2S_2O_3$ 不能用来直接滴定 $K_2Cr_2O_7$ 及其他强氧化剂，因为在酸性溶液中强氧化剂能将 $S_2O_3^{2-}$ 氧化成 $S_4O_6^{2-}$ 及 SO_4^{2-} 等混合物，反应没有定量关系。但是，$Na_2S_2O_3$ 却是一种良好的滴定 I_2 的滴定剂，如果在 $K_2Cr_2O_7$ 的酸性溶液中加入过量 KI，使 $K_2Cr_2O_7$ 还原并产生一定量的 I_2，就可以进行滴定了。这种滴定方法常用于 $K_2Cr_2O_7$ 标定 $Na_2S_2O_3$ 标准溶液的浓度。其反应式为

$$Cr_2O_7^{2-} + 6I^- + 14H^+ = 2Cr^{3+} + 3I_2 + 7H_2O$$

$$I_2 + 2S_2O_3^{2-} = S_4O_6^{2-} + 2I^-$$

（四）间接滴定法

有时待测物质不能与滴定剂直接反应，但可以通过另外的化学反应间接进行测定。例如，测定溶液中 Ca^{2+} 的含量，可将 Ca^{2+} 完全沉淀为 CaC_2O_4 后，经过滤、洗涤、纯化的 CaC_2O_4 用 H_2SO_4 溶解，再用 $KMnO_4$ 标准溶液滴定与 Ca^{2+} 结合的 $C_2O_4^{2-}$，从而间接测定 Ca^{2+} 的含量。

$$Ca^{2+} + C_2O_4^{2-} = CaC_2O_4 \downarrow$$

$$CaC_2O_4 + H_2SO_4 = CaSO_4 + H_2C_2O_4$$

$$2MnO_4^- + 5C_2O_4^{2-} + 16H^+ = 2Mn^{2+} + 10CO_2 \uparrow + 8H_2O$$

综上所述，由于有多种滴定方式可供选择，因此扩大了滴定分析法的应用范围。

课堂习题

选择题

(1) 按被测组分含量来分，滴定分析常用来测定常量组分，常量组分指含量(　　)的组分。

A. $<0.1\%$　　B. $>0.1\%$

C. $<1\%$　　D. $>1\%$

(2) 根据分析过程所利用的反应不同，中和滴定法属于(　　)。

A. 酸碱滴定法　　B. 氧化还原滴定法

C. 络合滴定法　　D. 沉淀滴定法

(3) 用 HCl 标准溶液滴定 NaOH 溶液的方法属于(　　)。

A. 返滴定法　　B. 直接滴定法

C. 置换滴定法　　D. 间接滴定法

(4) 用 $K_2Cr_2O_7$ 标定 $Na_2S_2O_3$ 的滴定方法属于(　　)。

A. 返滴定法　　B. 直接滴定法

C. 置换滴定法　　D. 间接滴定法

(5) 银量法测定氯离子含量属于(　　)。

A. 酸碱滴定法　　B. 氧化还原滴定法

C. 络合滴定法　　D. 沉淀滴定法

任务四　进行数据分析

学习目标

(1) 查阅定量分析测定误差与数据记录的相关资料，熟悉误差的相关概念及误差分类。

(2) 进行误差、准确度与精密度的相关计算。

(3) 理解有效数字修约规则及运算规则，能进行有效数字的修约。

(4) 能进行实验数据的记录、处理及实验报告单的填写，根据不同实验设计实验报告记录单。

技能目标

(1) 掌握误差的相关概念及误差分类。

(2) 能进行误差、准确度与精密度的相关计算。

(3) 能根据有效数字修约规则进行数据修约及运算。

(4) 能准确进行实验数据的记录及计算。

(5) 能根据不同实验设计实验报告记录单。

职业素养

(1) 树立如实进行数据记录的职业素养。

(2) 形成严谨、规范的工匠精神。

(3) 培养学生实事求是、求真务实的意识，坚定克服困难、追求真理的决心。

知识点一　定量分析的误差

人们在做化学实验时总是希望获得准确的分析结果，但是，即使选择最准确的分析方法、使用最精密的仪器设备，由技术熟练的人员操作，对于同一样品进行多次重复分析，所得结果也不会完全相同，不可能得到绝对准确的结果。这就表明：误差是客观存在的。

知识点一　定量分析的误差

分析检验的任务是准确测定试样中组分的含量，所以必须使分析结果具有一定的准确度。不准确的检验结果会导致资源的浪费，甚至科学上得出错误的结论，以及生产上受到损失。在分析检验中，由于受到分析方法、仪器、试剂和人的主观条件等方面的限制，测得的结果不可能和真实含量完全一致。一位很熟练的检验工作者，对同一样品进行多次测定，结果也不会完全一致。所以，在进行样品分析时，不仅要得到被测组分的含量，而且必须对检测结果进行评价，分析测定结果的准确性，检查误差的来源，采取有效的措施使检测结果达到较高的准确度。

一、误差分类

根据误差产生的原因和性质将误差分为系统误差和偶然误差。

1. 系统误差

系统误差又称可测误差，是由实验操作过程中某些固定原因造成的。它具有单向性，即正负、大小都有一定的规律性，当重复进行实验分析时会重复出现。若找出原因，则可设法将其减少到可忽略的程度。

(1) 产生原因。

方法误差：它是由分析方法本身所造成的。例如，在重量分析法中，沉淀的溶解、共沉淀现象、灼烧时沉淀的分解或挥发等因素，都会导致分析结果偏高或偏低。

仪器误差：它是由仪器本身不够精确或未经校正引起的。例如，天平、容量器皿、仪表刻度不准确，砝码质量未校正，坩埚灼烧后失重，试剂的质量不符合要求等，都会产生系统误差。

试剂误差：它是由试剂不纯或蒸馏水不纯，含有被测物或干扰物而引起的误差。

操作误差：它是指在正常操作情况下，由操作者执行操作规程与控制操作条件略有出人而造成的误差。例如，分析工作者在称取试样时未注意防止试样吸湿；洗涤沉淀时洗涤过分或不充分；灼烧沉淀时温度过高或过低；称量沉淀时坩埚及沉淀未完全冷却；在滴定分析中对滴定终点的颜色判断；读取滴定管刻度值时偏高或偏低等。

系统误差的出现是必然的，但可用各种办法加以校正，使系统误差近乎消除。

(2) 校正方法。

采用标准方法与标准样品进行对照实验；校正仪器，减小仪器误差；采用纯度高的试剂校正试剂误差；提高人员业务水平，减少操作误差。

2. 偶然误差

偶然误差又称不可测误差，它是由一些偶然因素引起的。例如，测定时气温、气压、湿度、仪器的微小变化等，这些不可避免的偶然因素，都能使分析结果在一定范围内波动而引起误差。这种误差是由一些不确定的因素造成的，因而它是可变的，正负大小难以预测，在分析操作中也是不可避免的。只要进行多次测定，便会发现数据的分布符合一般的统计规律，其主要特点如下。

(1) 正误差和负误差出现的概率相等。

(2) 小误差出现的次数多，大误差出现的次数少，个别特别大的误差出现的次数极少。

偶然误差的这种规律性，可用图 1 – 3 中的曲线表示(即误差的正态分布曲线)。

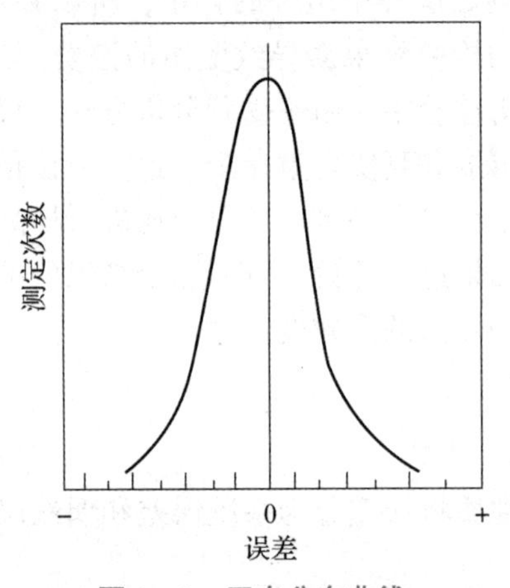

图 1 – 3　正态分布曲线

由上述规律可以得出，随着测定次数的增加，多次测定结果的平均值更接近真实值。实验表明，测定的次数不多时，偶然误差随测定次数的增加而迅速减小；当测定次数多于 10 次时，误差减小到不很显著的数值。但是，从时间和经济效益考虑，次数越多，不仅费时间，而且消耗试剂多。所以，在准确度许可的范围内，应尽可能减少测定次数。

产生原因：操作中温度、湿度、灰分等的影响都会引起分析数值的波动。

为了减少偶然误差，应多次进行平行实验并取平均值。

3. 过失误差

这种误差是由操作人员的粗心大意或未按操作规程操作所造成的，可避免。

二、误差表示方法

1. 准确度和误差

准确度：是指实验测得值与真实值之间相符合的程度。准确度的高低常以误差的大小来衡量。

误差：是指分析结果和真实值之间的差值。因此，分析过程中的误差越小，则说明分析结果的准确度越高；反之，误差越大，准确度越低。所以，误差的大小是衡量准确度高低的尺度。

误差的表示方法有绝对误差和相对误差。

$$\text{绝对误差} = \text{个别测定值} - \text{真实值}$$

$$\text{相对误差} = \frac{\text{个别测定值} - \text{真实值}}{\text{真实值}} \times 100\% = \frac{\text{绝对误差}}{\text{真实值}} \times 100\%$$

显然，绝对误差越小，测定值与真实值越接近，测定结果越准确。绝对误差的大小一般常用于说明一些仪器测量的准确度。如分析天平的称量误差是 ±0.000 1 g，常量滴定管的读数误差是 ±0.01 mL 等。但用绝对误差的大小来衡量测定结果的准确度，有时并不十分明显，因为它没有和测定过程中所取物质的数量联系起来。

例如，在标定某盐酸溶液的浓度时，用分析天平称取基准物碳酸钠的质量为 0.205 1 g，真实质量为 0.205 0 g，则

$$\text{绝对误差} = 0.205\,1\ \text{g} - 0.205\,0\ \text{g} = +0.000\,1\ \text{g}$$

$$\text{相对误差} = \frac{+0.000\,1\ \text{g}}{0.205\,0\ \text{g}} \times 100\% \approx +0.05\%$$

又如，称取某物质的质量为 2.050 1 g，真实质量为 2.050 0 g，则

$$\text{绝对误差} = 2.050\,1\ \text{g} - 2.050\,0\ \text{g} = +0.000\,1\ \text{g}$$

$$\text{相对误差} = \frac{+0.000\,1\ \text{g}}{2.050\,0\ \text{g}} \times 100\% \approx +0.005\%$$

从两次计算结果看，它们的绝对误差相同，均为 0.000 1 g，但它们的相对误差却不一样。这说明当绝对误差相同时，被称量物质的质量越大，称量的准确度越高。所以，用相对误差来比较测得结果的准确度更精确些。

绝对误差和相对误差都有正、负之分。正值表示分析结果偏高，负值表示分析结果偏低。绝对误差与测量值的单位相同。

绝对误差和相对误差的计算都必须先知道真实值的大小，但是，在一般情况下，真实值是不知道的，因此，常用偏差代替误差。

2. 精密度与偏差

精密度：是指在相同条件下，对同一试样多次重复测定时，所得各次分析结果互相接近的程度。精密度通常用偏差的大小来反映。偏差越小，精密度越高，即偏差是衡量精密度高低的指标。偏差值为个别测得值与各次分析结果平均值的差。

（1）绝对偏差和相对偏差。

$$\text{绝对偏差}\ d = \text{个别测得值}\ x_i - \text{多次测得结果的平均值}\ \bar{x}$$

$$相对偏差=\frac{绝对偏差}{多次测定结果的平均值}\times 100\% =\frac{d}{\bar{x}}\times 100\%$$

(2) 算术平均偏差和相对平均偏差。

对同一试样进行多次测定，所得测定结果为 x_1，x_2，x_3，…，x_n，那么它们的算术平均值为

$$\bar{x}=\frac{x_1+x_2+\cdots+x_n}{n}$$

算术平均偏差为

$$\bar{d}=\frac{|x_1-\bar{x}|+|x_2-\bar{x}|+\cdots+|x_n-\bar{x}|}{n}$$

$$相对平均偏差=\frac{\bar{d}}{\bar{x}}\times 100\%$$

精密度与准确度的关系：精密度是保证准确度的先决条件，只有精密度好，才能得到好的准确度。若精密度差，所测得结果不可靠，就失去了衡量准确度的前提。提高精密度不一定能保证高的准确度，有时还需进行系统误差的校正，才能得到高的准确度。

例如，表1-5列出甲、乙、丙、丁4人分析同一试样中铁含量的结果。

表1-5　甲、乙、丙、丁所得铁含量结果

分析人员	分析次数				平均值	平均偏差	真实值	差值
	1	2	3	4				
甲	37.38	37.42	37.47	37.50	37.44	0.036	37.40	+0.04
乙	37.21	37.25	37.28	37.32	37.27	0.035	37.40	-0.17
丙	36.10	36.40	36.50	36.64	36.41	0.160	37.40	-0.99
丁	36.70	37.10	37.50	37.90	37.30	0.400	37.40	-0.10

由表1-5看出，甲所得结果的准确度和精密度均好，结果可靠。乙的精密度虽好，但准确度不太好。丙的精密度与准确度均差。丁的平均值虽接近真实值，但几个数据分散性大，精密度太差，仅是由于大的正负误差相互抵消才使结果接近真实值。

(3) 标准偏差。

在数理统计中常用标准偏差来衡量精密度。

总体标准偏差用来表达测定数据的分散程度，其数学表达式为

$$总体标准偏差(\sigma)=\sqrt{\frac{\sum(x_i-\mu)^2}{n}}$$

一般测定次数有限，μ 值未知，只能用样本标准偏差来表示精密度，其数学表达式(贝塞尔公式)为

$$样本标准偏差(s)=\sqrt{\frac{\sum(x_i-\bar{x})^2}{n-1}}$$

上式中$(n-1)$在统计学中称为自由度，意思是在 n 次测定中，只有$(n-1)$个独立可变的

偏差，因为 n 个绝对偏差之和等于零，所以，只要知道 $(n-1)$ 个绝对偏差就可以确定第 n 个的偏差值。

标准偏差在平均值中所占的百分率称为相对标准偏差，也称变异系数或变动系数（CV）。其计算公式为

$$CV = \frac{s}{\bar{x}} \times 100\%$$

用标准偏差表示精密度比用算术平均偏差表示要好。因为单次测定值的偏差经平方以后，较大的偏差就能显著地反映出来。所以，生产和科研的分析报告中常用 CV 表示精密度。

(4) 极差。

一般分析中，平行测定次数不多，常采用极差 (R) 来说明偏差的范围，极差也称全距。

$$R = 测定最大值 - 测定最小值$$

$$相对极差 = \frac{R}{\bar{x}} \times 100\%$$

三、提高分析结果准确度的方法

要提高分析结果的准确度，必须考虑在分析工作中可能产生的各种误差，采取有效的措施，将这些误差减小到最小。

1. 选择合适的分析方法

各种分析方法的准确度是不相同的。化学分析法对高含量组分的测定，能获得准确和较满意的结果，相对误差一般在千分之几。而对低含量组分的测定，化学分析法就达不到这个要求。仪器分析法虽然误差较大，但是由于灵敏度高，可以测出低含量组分。在选择分析方法时，主要根据组分含量及对准确度的要求，在可能的条件下选择最佳的分析方法。

2. 增加平行测定的次数

增加测定次数可以减少偶然误差。在一般的分析测定中，测定次数为 3～5 次。如果没有意外误差发生，基本上可以得到比较准确的分析结果。

3. 减小测量误差

尽管天平和滴定管校正过，但在使用中仍会引入一定的误差。如使用分析天平称取一份试样，会引入 ±0.000 2 g 的绝对误差；使用滴定管完成一次滴定，会引入 ±0.02 mL 的绝对误差。为了使测量的相对误差小于 0.1%，则试样的最低称样量应为

$$试样质量 = \frac{绝对误差}{相对误差} = \frac{0.0002}{0.001}\ g = 0.2\ g$$

滴定剂的最少消耗体积为

$$V = \frac{绝对误差}{相对误差} = \frac{0.02}{0.001}\ mL = 20\ mL$$

4. 消除测定中的系统误差

消除系统误差可以采取以下措施。

（1）空白实验。由试剂和器皿引入的杂质所造成的系统误差，一般可通过空白实验来加以校正。空白实验是指在不加试样的情况下，按试样分析规程在同样的操作条件下进行的测定。空白实验所得结果的数值称为空白值。从试样的测定值中扣除空白值，就得到比较准确的分析结果。

（2）校正仪器。分析测定中，具有准确体积和质量的仪器，如滴定管、移液管、容量瓶和分析天平砝码，都应进行校正，以消除仪器不准所引起的系统误差。因为这些测量数据都是要参加分析结果计算的。

（3）对照实验。常用的对照实验有 3 种。

①用组成与待测试样相近、已知准确含量的标准样品，按所选方法测定，将对照实验的测定结果与标样的已知含量相比，其比值即称为校正系数。

$$\text{校正系数}=\frac{\text{标准试样组分的标准含量}}{\text{标准试样测得的含量}}$$

则试样中待测试样组分含量的计算式为

$$\text{待测试样组分含量}=\text{测得含量}\times\text{校正系数}$$

②用标准方法与所选用的方法测定同一试样，若测定结果符合公差要求，则说明所选方法可靠。

③用加标回收率的方法检验，即取 2 等份试样，在一份中加入一定量待测组分的纯物质，用相同的方法进行测定，计算测定结果和加入纯物质的回收率，以检验分析方法的可靠性。

课堂习题

选择题

（1）下列叙述错误的是(　　)。

A. 方法误差属于系统误差　　B. 系统误差包括操作误差

C. 系统误差又称可测误差　　D. 系统误差呈正态分布

（2）在分析中做空白实验的目的是(　　)。

A. 提高精密度，消除系统误差　　B. 提高精密度，消除偶然误差

C. 提高准确度，消除系统误差　　D. 提高准确度，消除偶然误差

（3）测定精密度好，表示(　　)。

A. 系统误差小　　B. 偶然误差小

C. 相对误差小　　D. 标准偏差小

（4）定量分析中，精密度与准确度之间的关系是(　　)。

A. 精密度高，准确度必然高　　B. 精密度是保证准确度的前提

C. 准确度高，精密度也就高　　D. 准确度是保证精密度的前提

（5）下列各项定义中错误的是(　　)。

A. 绝对误差是测定值和真值之差

B. 相对误差是绝对误差在真值中所占的百分率

C. 偏差是指测定值与平均值之差

D. 总体平均值就是真值

(6)（　　）可用来减免分析测试中的系统误差。

A. 进行仪器校正　　B. 增加测定次数

C. 认真细心操作　　D. 测定时保证环境的湿度一致

(7) 偶然误差具有（　　）。

A. 可测性　　B. 重复性

C. 非单向性　　D. 可校正性

(8)（　　）可以减小分析测试中的偶然误差。

A. 对照试验　　B. 空白试验

C. 仪器校正　　D. 增加平行试验的次数

(9) 在进行样品称量时，汽车经过天平室附近引起天平振动属于（　　）。

A. 系统误差　　B. 偶然误差

C. 过失误差　　D. 操作误差

(10) 不属于系统误差的是（　　）。

A. 滴定管未经校正　　B. 所用试剂中含有干扰离子

C. 天平两臂不等长　　D. 砝码读错

知识点二　有效数字及其运算规则

一、有效数字

知识点二
有效数字及
其运算规则

有效数字是指实际能测得的数字，即所有的确定数字再加一位不定数字。例如，在分析天平上称得某物质的质量为 0. 307 1 g，其中小数点后的前 3 位是确定的数字，而第 4 位是估读的，为可疑数字。这些数字均与数学中的“数”不同，数学中的“数”只能表示量度的近似值，而有效数字不仅能表明数量大小，还能反映测定的准确度及仪器性能。例如，用分析天平称得某一样品的质量为 21. 260 0 g，表明是用 0. 000 1 g/分度的分析天平称量的，为 6 位有效数字。如将这个数字写成 21. 260 g，就会认为是用 0. 001 g/分度的天平称量的，并且将相对误差增大了 10 倍，有 5 位有效数字。又如，要取用 10. 00 mL 某溶液，必须用吸管准确吸取，而不能用量筒量取，因为量筒误差为 ±1 mL，而吸管可准确到 0. 01 mL。所以，在数据的记录、计算和报告时，要注意有效数字，不能在小数后随意增加或减少位数。

记录的检测数据只保留 1 位可疑数字。在报告中，只能报告到可疑的那位数，不能列出后面无意义的数字。例如，一般滴定管可准确读到小数点后第 1 位数字，而第 2 位小数是估读值，只能读到小数点后第 2 位，再后面的数字无意义。

二、数值修约规则

在数据处理中，常遇到一些准确度不相等的数值，此时按“四舍六入五留双”规则对数值进行修约，具体运用如下。

(1) 在拟舍弃的数字中，若左边第 1 个数字小于 5(不含 5)，则舍去。

例如，将 18.242 3 修约到保留 1 位小数。

修约前	修约后
18.242 3	18.2

(2) 在拟舍弃的数字中，若左边第 1 个数字大于 5(不含 5)，则进一。

例如，将 16.472 3 修约到保留 1 位小数。

修约前	修约后
16.472 3	16.5

(3) 在拟舍弃的数字中，若左边第 1 个数字等于 5，其右边的数字并非全部为零，则进一。

例如，将 2.750 1 修约到保留 1 位小数。

修约前	修约后
2.750 1	2.8

(4) 在拟舍弃的数字中，若左边第 1 个数字等于 5，其右边数字皆为零，所拟保留的末位数字若为奇数则进一，若为偶数(含 0)则不进。

例如，将下列数字修约到只保留 1 位小数。

修约前	修约后
1.550 0	1.6
1.650 0	1.6
2.050 0	2.0

(5) 所拟舍弃的数字，若为 2 位以上数字，不得连续进行多次修约，应根据所拟舍弃数字中左边第 1 个数字的大小，按上述规定一次修约出结果。

例如，将 25.454 6 修约成整数。

正确修约：

修约前	修约后
25.454 6	25

不正确的修约：

修约前	一次修约	二次修约	三次修约	四次修约(结果)
25.454 6	25.455	25.46	25.5	26

三、有效数字的运算

在进行分析结果的计算时，必须遵守有效数字运算规则，保留有效位数，才能使计算结果准确、可靠。

1. 加减法则

几个数据相加、减时，其和、差只允许保留 1 位可疑数字。即保留小数点后位数最少的数据的位数，即以绝对误差最大的数为准。

例如，将 0.089 8、18.82、6.000 0 3 个数相加。

正确算法	错误算法	错误原因
0.09	0.089 8	0.089 8 → 可疑
18.82	18.82	18.82→ 可疑
+ 6.00	+ 6.0000	+ 6.0000 → 可疑
24.91	24.909 8	24.909 8

在这 3 个数据中，18. 82 的“2”是可疑数字，再把小数点后第 2 位以后的数字加在一起，也没有意义。正确的算法是在加、减前，根据所加减数字中小数点后位数最小的数 18. 82，以小数点后 2 位为界，将小数点后第 2 位以后数字，按数字舍去规则舍去，再加减。

2. 乘除法则

几个数相乘、除时，保留有效数字的位数，以有效数字位数最少的为准，即以相对误差最大的数为准。

例如，求 38. 18、1. 705 4 和 0. 023 1 之积。

正确算法为：$38.2 \times 1.71 \times 0.0231 = 1.51$

注意：在计算时首先找出 3 个数中有效数字最少的 0. 023 1，此数仅有 3 位有效数字，以此为标准，确定其他数字的位数，然后再相乘。

错误的算法为：$38.18 \times 1.7054 \times 0.0231 = 1.504091173$

在运算中，各数值计算有效数字位数时，当第 1 位有效数字 ≥8 时，有效数字位数可以多计一位。例如，8. 32 是 3 位有效数字，在运算中可以作 4 位有效数字看待。

四、使用有效数字的注意事项

（1）记录测量所得数据时，只允许保留 1 位可疑数字（当用 25 mL 无分度吸量管移取溶液时，应记录为 25. 00 mL）。

（2）有效数字的位数反映了测量的相对误差（如称量某试剂的质量是 0. 518 0 g，表示该试剂的质量是 0. 518 0 ±0. 000 1，其相对误差为 0. 02%；如果少取一位有效数字，表示该试剂的质量是 0. 518 ±0. 001，其相对误差为 0. 2%）。

（3）有效数字的位数与量的使用单位无关（如称得某物的质量是 12 g，2 位有效数字，若以 mg 为单位，应记为 1.2×10^4 mg，而不应记为 12 000 mg）。

（4）数字前的零不是有效数字（0. 025），起定位作用；数字后的零都是有效数字（120、0. 500 0）。

课堂习题

选择题

（1）分析工作中实际能够测量到的数字称为（　　）。

A. 精密数字　　B. 准确数字　　C. 可靠数字　　D. 有效数字

（2）有效数字为 4 位的是（　　）。

A. $\omega = 25.30\%$　　B. pH 为 11. 50　　C. $\pi = 3.141$　　D. 0. 002 5

（3）按有效数字运算规则，$0.854 \times 2.187 + 9.6 \times 10^{-5} - 0.0326 \times 0.00814 =$（　　）。

A. 1.9　　B. 1.87　　C. 1.868　　D. 1.868 0

(4) 算式(30.582 − 7.44) + (1.6 − 0.526 3)中，绝对误差最大的数据是(　　)。

A. 30.582　　B. 7.44　　C. 1.6　　D. 0.526 3

(5) 1.34×10^{-3}中的有效数字是(　　)位。

A. 6　　B. 5　　C. 3　　D. 8

(6) pH 为 2.0 中的有效数字为(　　)位。

A. 1　　B. 2　　C. 3　　D. 4

(7) pH 为 5.26 中的有效数字是(　　)位。

A. 0　　B. 2　　C. 3　　D. 4

(8) 某标准滴定溶液的浓度为 0.501 0 moL/L，它的有效数字是(　　)位。

A. 5　　B. 4　　C. 3　　D. 2

(9) 由计算器计算 $9.25\times0.213\ 34\div(1.200\times100)$ 的结果为 0.016 444 9，按有效数字规则将结果修约为(　　)。

A. 0.016 445　　B. 0.016 45　　C. 0.016 44　　D. 0.016 4

(10) 将 124 5 修约为 3 位有效数字，正确的是(　　)。

A. 124 0　　B. 125 0　　C. 1.24×10^{3}　　D. 1.25×10^{3}

知识点三　实验数据记录

一、实验数据记录要求

知识点三
实验数据记录

做实验者应有专门的实验记录本，标上页码，不得撕去任何一页。不得将数据记录在单页纸上或小纸片上，或随意记录在其他任何地方。

实验过程中要及时地将所发生的现象、结果、主要操作(含仪器、试剂)、测量数据清楚、准确地记录下来。切忌掺杂个人主观因素，决不能拼凑和伪造数据。记录测量数据时，应注意有效数字的保留。用分析天平称量时，应记录至 0.000 1 g，滴定管和吸量管的读数记录至 0.01 mL。总之，要记录所用测量仪器最小刻度的下一位。

实验记录中的每一个数据，都是测量的结果。因此，重复观测时，即使数据完全相同，也应记录下来。进行记录时，无论文字和数据都应清楚、整洁。原始测量数据的记录通常用列表法，这样既简明又清楚。在实验过程中如发现数据记录或计算有错误，不得涂改，应将其用线划去，在旁边重新写上正确的数字。

二、分析结果的判断

在定量分析工作中，我们经常做多次的重复测定，然后求出平均值。但是多次分析的数据是否都能参加平均值的计算，这是需要判断的。如果在消除了系统误差后，所测得的数据出现显著的特大值或特小值，这样的数据是值得怀疑的。我们称这样的数据为可疑值，对可疑值应做如下判断：在分析实验过程中，已然知道某测量值是由操作过程中的过失所造成的，应立即将此数据弃去；如找不出可疑值出现的原因，可疑值不应随意弃去或保留，而应按照 4 乘平均偏差法或者 Q 检验法来取舍。

课堂习题

简答题

(1) 设计食品中水分测定的数据记录表格。

(2) 如何判断实验结果的可疑值？

项目二　化学分析仪器的操作及规范

任务一　使用及校正移液管和吸量管

学习目标

(1) 查阅容量瓶使用的相关资料，熟悉移液管和吸量管的规格及适用范围。

(2) 练习使用移液管和吸量管准确移取一定体积的溶液。

技能目标

(1) 了解移液管和吸量管的性能、规格、选用原则和洗涤方法。

(2) 正确使用移液管和吸量管移取溶液。

(3) 掌握移液管和吸量管使用的注意事项。

职业素养

(1) 养成严谨的科学态度，树立起自我培养良好的职业道德与注重日常职业素质养成的意识。

(2) 提升团结合作意识，养成有责任担当、吃苦耐劳、爱岗敬业的职业精神。

(3) 树立规范操作的安全意识。

知识点　移液管和吸量管的使用

一、移液管和吸量管的分类

知识点　移液管和吸量管的使用

移液管是用来准确移取一定体积的溶液的量器，是一种量出式仪器，只用来测量它所放出溶液的体积。它是一根中间有一膨大部分的细长玻璃管。其下端为尖嘴状，上端管颈处刻有一条标线，是所移取的准确体积的标志。

常用的移液管有 5 mL、10 mL、25 mL 和 50 mL 等规格。通常又把具有分刻度的直形玻璃管称为吸量管(图 2-1)。常用的吸量管有 1 mL、2 mL、5 mL 和 10 mL 等规格。移液管和吸量管所移取的体积通常可准确到 0.01 mL。

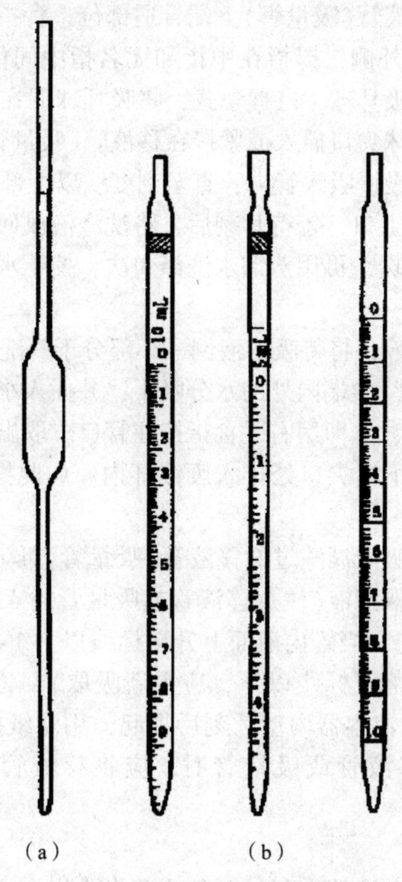

(a)　　　　　　　　(b)

图 2-1　移液管和吸量管

(a)移液管；(b)吸量管

吸量管是具有分刻度的玻璃管，两端直径较小，中间管身直径相同，可以转移不同体积的溶液，其准确度不如移液管。

常用的吸量管有 1 mL、2 mL、5 mL、10 mL 等规格。实验中，要尽量使用同一支吸量管，以减少误差。

移液管分为单标线移液管(又称大肚移液管)和分度移液管。吸量管又分为不完全流出式、完全流出式、吹出式。

单标线移液管用来准确移取一定体积的溶液。单标线移液管和吸量管标线部分管径较小，准确度较高；分度移液管和吸量管读数的刻度部分管径大，准确度稍差。因此当量取整数体积的溶液时，常用相应大小的单标线移液管和吸量管，而不用分度移液管。

二、移液管和吸量管的使用

1. 检查仪器

使用前，检查移液管(吸量管)的管口和尖嘴有无破损，若有破损，则不能使用。

2. 清洗

用铬酸洗液将其洗净，使其内壁及下端的外壁均不挂水珠。

具体操作：用右手拿移液管(吸量管)上端合适部位，食指靠近管上口，中指和无名指张开，握住移液管(吸量管)外侧，拇指在中指和无名指中间位置握在移液管(吸量管)内侧，小指自然放松；左手拿吸耳球，持握拳式，将吸耳球握在掌中，尖口向下，握紧吸耳球，排出球内空气，将吸耳球尖口插入或紧接在移液管(吸量管)上口，注意不能漏气。慢慢松开左手手指，将洗涤液慢慢吸入管内，直至刻度线以上部分。移开吸耳球，迅速用右手食指堵住移液管(吸量管)上口，等待片刻后，将洗涤液放回原瓶。用自来水冲洗移液管(吸量管)内、外壁至不挂水珠，再用蒸馏水洗涤3次，控干水备用。

3. 吸取溶液

(1) 润洗。摇匀待吸溶液，将待吸溶液倒一小部分于一洗净并干燥的小烧杯中，用滤纸将清洗过的移液管(吸量管)尖端内外的水分吸干，并插入小烧杯中吸取溶液，当吸至移液管(吸量管)容量的1/3时，立即用右手食指按住管口。取出，横持并转动移液管，使溶液流遍全管内壁，将溶液从下端尖口处排入废液杯内。如此操作，润洗了3～4次后即可吸取溶液。

(2) 吸取样液。将用待吸液润洗过的移液管(吸量管)插入待吸液液面下1～2 cm处，用吸耳球按上述操作方法吸取溶液(注意移液管或吸量管插入溶液不能太深，并要边吸边往下插入，始终保持此深度)。当管内液面上升至标线以上1～2 cm处时，迅速用右手食指堵住管口(此时若溶液下落至标线以下，应重新吸取)，将移液管(吸量管)提出待吸液面，并使管尖端接触待吸液容器内壁片刻后提起，用滤纸擦干移液管或吸量管下端黏附的少量溶液。(在移动移液管或吸量管时，应将移液管或吸量管保持垂直，不能倾斜。)

4. 调节液面

另取一干净小烧杯，将移液管(吸量管)管尖紧靠小烧杯内壁，小烧杯保持倾斜，使移液管保持垂直，刻度线和视线保持水平(左手不能接触移液管)。稍稍松开食指(可微微转动移液管或吸量管)，使管内溶液慢慢从下口流出，液面将至刻度线时，按紧右手食指，停顿片刻，再按上法将溶液的弯月面底线放至与标线上缘相切为止，立即用食指压紧管口。将尖口处紧靠烧杯内壁，向烧杯口移动少许，去掉尖口处的液滴。将移液管或吸量管小心移至盛接溶液的容器中。

5. 放液

将移液管或吸量管直立，接收器倾斜，管下端紧靠接收器内壁，放松食指，让溶液沿接收器内壁流下，管内溶液流完后，保持放液状态停留15 s，将移液管或吸量管尖端在接收器靠点处内壁前后小距离滑动几下(或将移液管尖端靠接收器内壁旋转一周)，移走移液管。(残留在管尖内壁处的少量溶液，不可用外力迫使其流出，因校准移液管或吸量管时，已考虑了尖端内壁处保留溶液的体积。在管身上标有“吹”字的，可用吸耳球吹出，不允许保留。)

三、移液管和吸量管使用注意事项

(1) 移液管(吸量管)不应在干燥箱中烘干。

(2) 移液管(吸量管)不能移取太热或太冷的溶液。

(3) 同一实验中应尽可能使用同一支移液管。

(4) 移液管(吸量管)在使用完毕后，应立即用自来水及蒸馏水冲洗干净，置于移液管架上。

(5) 移液管(吸量管)和容量瓶常配合使用，因此在使用前常做两者的相对体积校准。

(6) 在使用吸量管时，为了减少测量误差，每次都应以最上面刻度(0 刻度)处为起始点，往下放出所需体积的溶液，而不是需要多少体积就吸取多少体积。

(7) 移液管有老式和新式，老式管身标有“吹”字样，需要用吸耳球吹出管口残余液体；新式的没有，千万不要吹出管口残余液体，否则会导致量取液体过多。

(8) 移液管和吸量管的规格较多，要根据实验的具体情况，合理地选用。由于种种原因，目前市场上的产品不一定都符合标准，有些产品标志不全，有的产品质量不合格，使用户无法分辨其类型和级别，如果实验精度要求很高，最好经容量校准后再使用。

(9) 在调零点和放液过程中，移液管都要保持垂直，其尖嘴要接触倾斜的器壁(不可接触下面溶液)并保持不动；移液管用完应放在移液管架上，不要随便放在实验台上，尤其要防止碰破玻璃尖嘴。

课堂习题

一、填空题

(1) 移液管和吸量管分为________(又称________)、________(不完全流出式、完全流出式、吹出式)。

(2) 使用前，应检查移液管的________有无破损，若有破损，则不能使用。

(3) 吸量管使用时，要用________进行润洗。

(4) 放液时，将移液管或吸量管________，________倾斜，管下端紧靠接收器内壁，放开食指，让溶液________。

二、简答题

(1) 简述移液管和吸量管润洗的方法。

(2) 使用移液管和吸量管有哪些注意事项？

(3) 单标线吸量管和分度吸量管，哪个准确性更高？

技能点一　移液管的使用

技能点一
移液管的使用

一、工作准备

1. 试剂

(1) 铬酸洗液。

(2) 蒸馏水。

2. 仪器

(1) 移液管。

(2) 吸耳球。

(3) 烧杯。

(4) 吸水纸。

3. 技能练习要求

练习使用移液管准确移取一定量的液体。

二、操作步骤

(1) 在分析实验室，认识移液管和吸量管。

(2) 检查移液管(管口是否平整，流液口是否有破损，刻度线是否清晰)。

(3) 洗涤移液管。

(4) 吸液。

(5) 调节液面。

(6) 放出溶液。

(7) 洗净移液管。

三、操作要点

(1) 移液管不使用时，应置于移液管架上。

(2) 吸取液体时每次都应以最上面刻度(0 刻度)处为起始点，往下放出所需体积的溶液。

(3) 在调零点和放液过程中，移液管都要保持垂直，其尖嘴要接触倾斜的器壁(不可接触下面的溶液)并保持不动；等待 15 s 后，尖嘴内仍残留的一点液体绝对不能吹出(移液管未标“吹”)。

课堂习题

一、填空题

(1) 移液管和吸量管不使用时，应放置于________。

(2) 在调零点和放液过程中，移液管都要保持垂直，其尖嘴要接触倾斜的器壁(不可接触下面溶液)并保持不动；等待________后，尖嘴内仍残留的一点液体绝对不能________(移液管未标“吹”)。

二、简答题

(1) 使用吸量管准确移取一定体积溶液时，需进行哪些准备？

(2) 使用移液管和吸量管时，如何调整液面？

(3) 移液管使用前，应如何检查？

任务考核

移液管使用操作标准及评分见表 2－1。

表 2－1　移液管使用操作标准及评分

考核要素	评分要素	配分	评分标准		扣分	得分
基本操作	准备	10 分	物品摆放	5 分		
			检查管口是否平整，流液口应无破损	5 分		
	洗涤	15 分	洗液清洗	5 分		
			自来水充分冲洗，蒸馏水润洗，内壁不挂水珠	5 分		
			润洗 2～3 次，洗液不能流回试剂瓶	5 分		
	吸液	15 分	吸量管插入液面下 1～2 cm 处	5 分		
			吸量管插入溶液前及吸溶液后应用滤纸擦拭外壁溶液	10 分		
	调节液面	25 分	移液管管尖紧靠干净烧杯内壁，烧杯倾斜约 30°，吸量管保持垂直	15 分		
			调节液面视线与刻度线水平，管内溶液慢慢从下口流出，至弯月面最低点与刻度线上缘相切	10 分		
	放出溶液	25 分	放出溶液时吸量管尖端靠壁，吸量管垂直，溶液沿壁自然流下	15 分		
			溶液放尽后，吸量管停留 15 s 后离开，不能用吸耳球将残液吹出	10 分		
文明操作	统筹安排能力、工作态度	10 分	仪器清洗、复位	5 分		
			完成时间符合要求	5 分		
总计						

技能点二　吸量管的校正

一、工作准备

技能点二
吸量管的校正

1. 试剂

蒸馏水。

2. 仪器

（1）分析天平：0. 000 1 g。

（2）称量杯。

（3）吸量管：25 mL。

（4）温度计：测量范围 10～30 ℃，分度值为 0. 1 ℃的精密温度计。

（5）玻璃棒。

3. 参考标准

《常用玻璃量器检定规程》(JJG 196—2006)。

4. 技能练习要求

校正所用吸量管。

二、操作步骤

(1) 将清洗干净的吸量管垂直放置，充水至最高标线以上约5 mm处，擦去吸量管流液口外面的水。

(2) 缓慢地将液面调整到被检分度线上，移去流液口的最后一滴水珠。

(3) 取一只容量大于被检吸量管容器的带盖称量杯，称得空杯的质量。

(4) 将流液口与称量杯内壁接触，称量杯倾斜30°，使水分充分地流入称量杯中。对于流出式吸量管，当水流至流液口不流时，等待约3 s，随即用称量杯移去流液口的最后一滴水珠(口端保留残留液)；对于吹出式吸量管，当水流至流液口不流时，随即将流液口残留液排出。

(5) 将被检吸量管管内的纯水放入称量杯后，称得纯水质量(m)。

(6) 在调整被检吸量管液面的同时，应观察测量水温，读数应准确到0.1 ℃。

(7) 按照以下公式计算吸量管在标准温度20 ℃时的实际容量。

$$V_{20}=\frac{m(\rho_B-\rho_A)}{\rho_B(\rho_W-\rho_A)}[1+\beta(20-t)] \tag{2-1}$$

式中 V_{20}——标准温度20 ℃时被检玻璃量器的实际容量，mL；

ρ_B——砝码密度，取8.00 g/cm^3；

ρ_A——测定时实验室内的空气密度，取0.001 2 g/cm^3；

ρ_W——蒸馏水 t ℃时的密度，g/cm^3；

β——被检玻璃量器的体胀系数，$℃^{-1}$；

t——检定时蒸馏水的温度，℃；

m——被检玻璃量器内所能容纳水的表观质量，g。

(8) 对分度吸量管，除计算各检定点容量误差外，还应计算任意两点之间的最大误差。

(9) 用实际容量与标称容量之差记录。

三、原始数据记录

将实验数据填入表2-2。

表2-2 吸量管自校记录

序号	温度/℃	称量记录/g		纯水的质量/g	实际容量/mL	校正值/mL	总校正值/mL
		称量杯质量	称量杯和纯水的共同质量				
1							
2							

四、操作要点

(1) 待校正的仪器检定前需进行清洗，清洗的方法为：用重铬酸钾的饱和溶液和浓硫酸的混合液(调配比例为 1∶1)或 20% 发烟硫酸进行清洗，然后用水冲净。

(2) 器壁上不应有挂水等沾污现象，液面与器壁接触处应形成正常弯月面。

(3) 清洗干净的被检量器须在检定前 4 h 放入实验室内。

(4) 一般每个容量仪器应同时校正 2~3 次，取其平均值。校正时，两次真实容积差值不得超过 ±0.01 mL，或水质量差值不得超过 ±10 mg；10 mL 以下的容器，水质量差值不得超过 ±5.0 mg。

(5) 校正所用的纯化水及欲校正的玻璃容器，至少提前 1h 放进天平室，待温度恒定后，再进行校正，以减少校正的误差。

(6) 校正时使用的温度计必须定期送计量部门检定，按检定结果读取温度。

课堂习题

一、填空题

(1) 一般每个容量仪器应同时校正________次，取其平均值。

(2) 校正吸量管，所用温度计测量范围为________℃，分度值为________。

二、简答题

(1) 吸量管多长时间进行一次校准?

(2) 校正吸量管和移液管使用的水，有何要求?

(3) 简述吸量管校正过程中的注意事项。

任务考核

吸量管校正操作标准及评分见表 2-3。

表 2-3　吸量管校正操作标准及评分

考核要素	评分要素	配分	评分标准		扣分	得分
基本操作	准备	20 分	吸量管的清洗	5 分		
			吸量管的干燥	5 分		
			蒸馏水、温度计的准备	10 分		
	吸量管校正	60 分	称量杯的使用	10 分		
			吸取纯水至刻度线	10 分		
			测定水温	10 分		
			计算真实容量及校正值	15 分		
			填写自校正记录单	15 分		
文明操作	实验结果	5 分	吸量管放置	5 分		
	统筹安排能力、工作态度	15 分	清理实验台，仪器、药品摆放整齐	5 分		
			完成时间符合要求	10 分		
总计						

任务二　使用及校正容量瓶

学习目标

(1) 查阅容量瓶使用的相关资料，熟悉容量瓶的规格及适用范围。

(2) 练习使用容量瓶准确配制一定体积的溶液。

技能目标

(1) 了解容量瓶的性能、规格、选用原则和洗涤方法。

(2) 能正确操作容量瓶(固体样品的溶解、转移和定容，液体样品的稀释、定容)。

(3) 掌握容量瓶使用的注意事项。

职业素养

(1) 养成良好的法律意识和科学素养，要“心存敬畏、行有所止”，不能为了利益而违法乱纪。

(2) 养成解读标准的职业能力。

(3) 形成细致严谨的工作作风，养成吃苦耐劳的品质。

知识点　容量瓶的检查和使用

知识点　容量瓶的检查和使用

容量瓶是细颈、梨形的平底玻璃瓶，瓶口配有磨口玻璃塞或塑料塞。容量瓶常用于把某一数量的浓溶液稀释到一定体积，或将一定量的固体物质配成一定体积的溶液。常用的容量瓶有 50 mL、100 mL、250 mL、1 000 mL 等多种规格。

容量瓶是化学分析法常用的重要量器。容量瓶的容积与其所标出的体积并非完全相符合。因此，在准确度要求较高的分析工作中，必须对容量器皿进行校准。由于玻璃具有热胀冷缩的特性，在不同的温度下容量器皿的体积也有所不同。因此，校准玻璃容量器皿时，必须规定一个共同的温度值，这一规定温度值为标准温度。国际上规定玻璃容量器皿的标准温度为 20 ℃，即在校准时都将玻璃容量器皿的容积校准到 20 ℃时的实际容积。

一、容量瓶的检查

使用容量瓶前，应先检查：容量瓶的体积是否与所要求的一致；标线位置距离瓶口是否太近。若标线距离瓶口太近，则不宜使用。

二、容量瓶的使用

1. 试漏

加自来水至标线附近，盖好瓶塞后，一手用食指按住瓶塞，其余手指拿住瓶颈标线以上部分，另一手用指尖托住瓶底边缘(图2－2)，倒立2 min，用干滤纸沿瓶口缝隙处检查有无水渗出。如不漏水，将瓶直立；将容量瓶旋转180°后，再倒立2 min，检查。如不漏水，则可以使用。

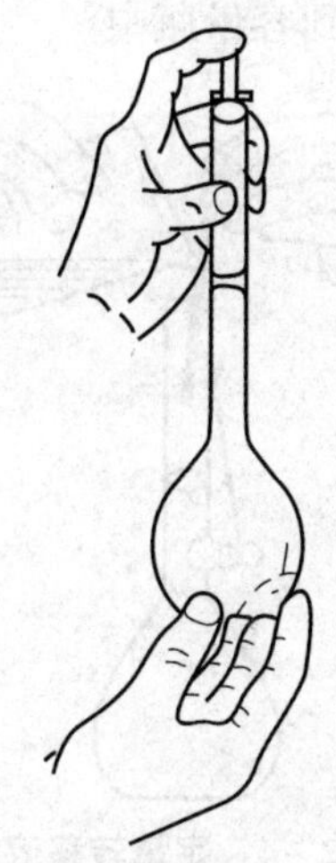

图2－2　容量瓶试漏拿法

在使用中，不可将瓶塞放在桌面上，以免玷污。操作时，可用一手的食指及中指(或中指及无名指)夹住瓶塞的扁头(图2－3)，当操作结束时，随手将瓶盖盖上。也可用橡皮圈或细绳将瓶塞系在瓶颈上，细绳应稍短于瓶颈。操作时，瓶塞系在瓶颈上，尽量不要碰到瓶颈，操作结束后立即将瓶塞盖好。

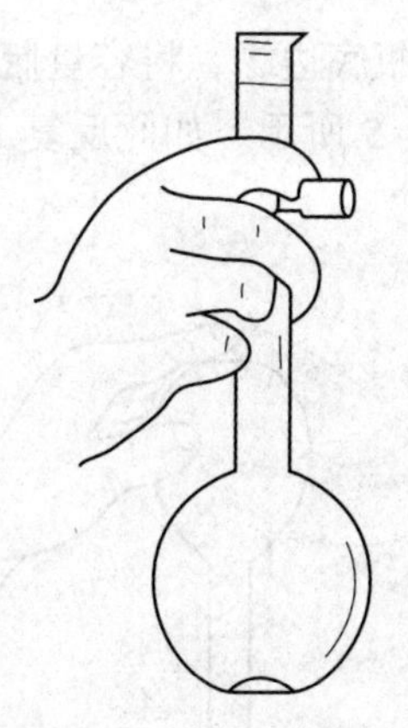

图2－3　用食指和中指夹住瓶塞的扁头

2. 洗涤

容量瓶较脏时，可用铬酸洗液洗涤。

(1) 将水尽量沥干，小心倒入10～20 mL铬酸洗液。

(2) 盖上塞，边转动边倾斜，使洗液布满内壁。

(3) 倒出洗液，用自来水充分洗涤，再用蒸馏水淋洗3次。

3. 转移

若将固体物质配制成一定体积溶液，准确称出所需质量的试剂，并放置在小烧杯中，加少量蒸馏水溶解，再定量地转移到容量瓶中。用玻璃棒缓慢搅拌、溶解。注意，搅拌时玻璃棒不要与烧杯碰撞。转移时将玻璃棒插入容量瓶内，烧杯口紧靠玻璃棒，使溶液沿玻璃棒慢慢流入，如图2-4所示。待溶液流完后，将烧杯沿玻璃棒稍向上提，同时直立，使附着在烧杯嘴上的一滴溶液流回烧杯中。残留在烧杯中的少量溶液可用少量蒸馏水涮洗3~4次，洗涤液按上述方法转移合并到容量瓶中。

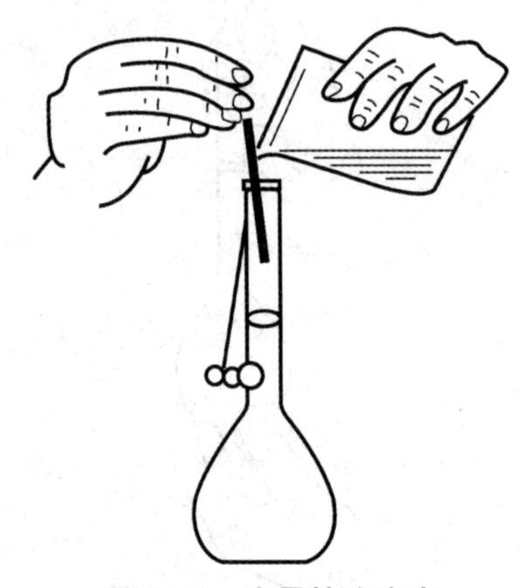

图2-4 定量转移溶液

4. 稀释

溶液转入容量瓶后，加蒸馏水稀释到约3/4体积时，将容量瓶平摇几次，做初步混匀，可避免混合后体积的改变，然后继续加蒸馏水至标线附近1 cm处，再用洁净的胶头滴管逐滴加入蒸馏水，至溶液的弯月面下缘最低处与标线相切，盖紧瓶塞。

5. 摇匀

右手按住瓶塞，左手指尖顶住瓶底边缘，将容量瓶倒转180°，使气泡上升到底部，来回振荡几次，再倒转回来，如图2-5所示。如此反复10次后，转动瓶塞约180°后，再按上述方法摇匀5次，即可混匀。

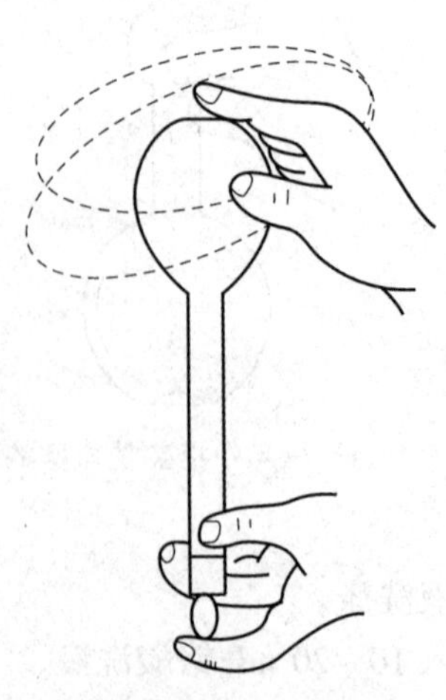

图2-5 摇匀溶液

三、容量瓶使用注意事项

（1）向容量瓶中转移溶液时必须用玻璃棒引流。

（2）不能用手掌握住瓶身，以免造成液体膨胀。

（3）当容量瓶内的容积达到3/4左右时，将容量瓶平摇几周(勿倒转)，使溶液初步混匀，然后把容量瓶放在桌子上，慢慢加水到接近标线1 cm左右，静置1～2 min，使黏附在瓶颈内壁的溶液留下，用胶头滴管加水至弯月面最低点与标线相切。

（4）热溶液应冷却至室温才能注入容量瓶，否则可造成体积误差。

（5）容量瓶不能久储溶液，尤其是碱液，会腐蚀玻璃使瓶塞粘住，无法打开。

（6）容量瓶用毕，应用水冲洗干净。

（7）如长期不用，将磨口处洗净吸干，垫上纸片。

课堂习题

一、填空题

（1）容量瓶常用于把________稀释到一定体积，或将________配成一定体积的溶液。

（2）使用容量瓶前，应先检查：容量瓶的________是否与所要求的一致；若配制见光易分解物质的溶液，应选择________容量瓶；标线位置距离________是否太近。

（3）向容量瓶中转移溶液时必须用________引流。

（4）容量瓶不能________溶液，尤其是碱液，会腐蚀玻璃使瓶塞________，无法打开。

二、简答题

（1）如何清洗容量瓶？

（2）如何对容量瓶中的溶液进行混合？

（3）简述使用容量瓶的注意事项。

技能点一　配制1 mg/mL葡萄糖溶液1 000 mL

一、工作准备

技能点一　配制1 mg/mL葡萄糖溶液1 000 mL

1. 试剂

（1）葡萄糖($C_6H_{12}O_6 \cdot H_2O$)。

（2）蒸馏水。

2. 仪器

（1）分析天平：0.001 g。

（2）称量瓶。

（3）容量瓶：100 mL。

（4）烧杯。

(5) 玻璃棒。

3. 参考标准

《化学试剂　杂质测定用标准溶液的制备》(GB/T 602—2002)。

4. 技能练习要求

练习容量瓶的使用，并配制给定浓度的葡萄糖溶液。

二、操作步骤

(1) 在分析实验室，选取合适的容量瓶。

(2) 检查容量瓶。

(3) 洗涤容量瓶。

(4) 准确称取葡萄糖 1.000 g，置于烧杯中。

(5) 加少量蒸馏水溶解，转到容量瓶中。用少量蒸馏水涮洗烧杯和玻璃棒 3 次以上，将以上溶液全部转移到容量瓶中。

(6) 继续加蒸馏水到容量瓶容积的 3/4 处，平摇。

(7) 继续加蒸馏水到刻度线，摇匀。

三、操作要点

(1) 使用前要检查容量瓶是否破损，磨口瓶塞是否配套、漏水。

(2) 涮洗烧杯和玻璃棒要少量多次。

(3) 溶液转移入容量瓶时，要用玻璃棒引流，避免溶液外漏。

(4) 定容后将溶液混合均匀。

(5) 混合均匀后的溶液，如液面低于刻度线，不得补充蒸馏水。

课堂习题

一、填空题

(1) 容量瓶不用时，应在瓶塞处________，否则容易使瓶无法打开。

(2) 使用容量瓶时，当把溶解好的试剂转移入容量瓶后，再用少量________涮洗烧杯和玻璃棒 3 次以上，将以上溶液全部转移到________中。

(3) 溶液转移入容量瓶时，要用________引流，避免溶液外漏。

(4) 混合均匀后的溶液，液面低于刻度线，________________补充加入蒸馏水，因为________。

二、简答题

(1) 使用容量瓶前，如何对容量瓶进行检查?

(2) 配制 1 mg/mL 葡萄糖溶液 1 000 mL 时，需要做的准备工作有哪些?

(3) 简述将溶液转移入容量瓶的操作步骤。

任务考核

配制 1 mg/mL 葡萄糖溶液 1 000 mL 操作标准及评分见表 2 -4。

表 2－4　配制 1 mg/mL 葡萄糖溶液 1 000 mL 操作标准及评分

考核要素	评分要素	配分	评分标准		扣分	得分
基本操作	准备	20 分	物品摆放	5 分		
			仪器清洗	5 分		
			容量瓶试漏	10 分		
	转移	35 分	称量	5 分		
			溶解	10 分		
			转移	10 分		
			烧杯和玻璃棒的涮洗	10 分		
	初步摇匀	5 分	用蒸馏水稀释至容量瓶 2/3 容积时平摇	5 分		
	定容	10 分	加蒸馏水至近标线约 1 cm 处，等待 1～2 min	5 分		
			逐滴加入蒸馏水稀释至刻度线	5 分		
	混匀溶液	5 分	摇匀	5 分		
文明操作	实验结果	15 分	将溶液注入试剂瓶，贴标签	10 分		
			洗净容量瓶，在瓶口和瓶塞间夹一纸片	5 分		
	统筹安排能力、工作态度	10 分	清理实验台，仪器、药品摆放整齐	5 分		
			完成时间	5 分		
总计						

技能点二　容量瓶的校正

技能点二
容量瓶的校正

一、工作准备

1. 试剂

蒸馏水。

2. 仪器

（1）分析天平：0.000 1 g。

（2）烧杯。

（3）容量瓶：100 mL。

（4）温度计：测量范围 10～30 ℃，分度值为 0.1 ℃的精密温度计。

（5）玻璃棒。

3. 必备知识

在容量分析中容积的基本单位是 mL，1 mL 是指在真空中，1 g 纯水在最大密度时（4 ℃）所占的体积。在 4 ℃真空中称得水的质量（g）在数值上等于它的体积（mL）。但是，4 ℃和真空并不是实际的测量环境，在实际的工作中，容器中的水的质量是在室温和空气中称量的，因此必须考虑空气浮力的影响和温度的影响。将这些因素加以校正后，通过计算即可以得到较准确的校正结果。

表2－5给出了不同温度下1 mL水的实际质量，表2－6为容量瓶级别及允许偏差。

表2－5　不同温度下1 mL水的实际质量

温度/℃	质量/g	温度/℃	质量/g	温度/℃	质量/g	温度/℃	质量/g
10	0.998 39	16	0.997 80	22	0.996 80	28	0.995 44
11	0.998 32	17	0.997 66	23	0.996 60	29	0.995 18
12	0.998 23	18	0.997 51	24	0.996 38	30	0.994 91
13	0.998 14	19	0.997 35	25	0.996 17	31	0.994 68
14	0.998 04	20	0.997 18	26	0.995 93	32	0.994 34
15	0.997 93	21	0.997 00	27	0.995 69	33	0.994 05

表2－6　容量瓶级别及允许偏差

标称总容量/mL		1	5	10	25	50	100	250
容量允差/mL	A类	±0.010	±0.020	±0.020	±0.03	±0.05	±0.10	±0.15
	B类	±0.020	±0.040	±0.040	±0.06	±0.10	±0.20	±0.30

4. 技能练习要求

校准所用容量瓶。

二、操作步骤

（1）将待校正的容量瓶洗净干燥。

（2）取烧杯盛放一定量纯化水，将水及容量瓶同放于同一房间中，恒温后，记下水温。

（3）先称空容量瓶及瓶塞重，然后加水至刻度，注意不可有水珠挂在刻度线以上。若挂水珠应用干燥滤纸条吸干，塞上瓶塞，再称质量。

（4）总质量减去空瓶质量即为容量瓶中水的质量，以此折算出容量瓶的真实容积。

三、原始数据记录

将实验数据填入表2－7。

表2－7　容量瓶自校记录

序号	温度/℃	称量记录/g		水的质量/g	实际容量/mL	校正值/mL	总校正值/mL
		瓶＋水	瓶				
1							
2							

四、操作要点

（1）待校正的仪器检定前需进行清洗，清洗的方法为：用重铬酸钾的饱和溶液和浓硫酸的混合液（调配比例为1∶1）或20%发烟硫酸进行清洗，然后用水冲净。

（2）器壁上不应有挂水等沾污现象，液面与器壁接触处应形成正常弯月面。

（3）清洗干净的被检量器须在检定前 4 h 放入实验室内。

（4）容量瓶必须干燥。

（5）校正的温度一般以 15 ~ 25 ℃为好。

（6）校正所用的纯化水及欲校正的玻璃容器，至少提前 1 h 放进天平室，待温度恒定后，再进行校正，以减少校正的误差。

（7）一般每个容量仪器应同时校正 2 ~ 3 次，取其平均值。校正时，两次真实容积差值不得超过 ±0.01 mL，或水的质量差值不得超过 ±10 mg，10 mL 以下的容器，水的质量差值不得超过 ±5.0 mg。

（8）校正时使用的温度计必须定期送计量部门检定，按检定结果读取温度。

课堂习题

一、填空题

当容量瓶内的容积达到________时，将容量瓶平摇几周(勿倒转)，使溶液初步混匀，然后把容量瓶放在桌子上，慢慢加水到接近标线 1 cm 左右，静置________min，使黏附在瓶颈内壁的溶液流下，用胶头滴管加水至________。

二、简答题

（1）容量瓶为什么要定期进行校正？

（2）简述容量瓶校正过程中的注意事项。

任务考核

容量瓶校正操作标准及评分见表 2 – 8。

表 2 – 8　容量瓶校正操作标准及评分

考核要素	评分要素	配分	评分标准		扣分	得分
基本操作	准备	20 分	容量瓶的清洗	5 分		
			容量瓶的干燥	5 分		
			蒸馏水、温度计的准备	10 分		
	容量瓶校正	50 分	称量空容量瓶及瓶塞	10 分		
			加水至刻度线	10 分		
			测定水温	10 分		
			计算真实容量及校正值	10 分		
			填写自校正记录单	10 分		
文明操作	实验结果	15 分	容量瓶放置	5 分		
			在瓶口和瓶塞间夹一纸片	10 分		
	统筹安排能力、工作态度	15 分	清理实验台，仪器、药品摆放整齐	5 分		
			完成时间	10 分		
总计						

任务三　使用及校正滴定管

学习目标

(1) 查阅滴定管使用的相关资料，熟悉滴定管的分类、规格及适用范围。

(2) 练习滴定管的使用。

技能目标

(1) 了解滴定管的性能、规格、选用原则和洗涤方法。

(2) 正确使用滴定管，掌握清洗、排气、滴定、读数的方法。

(3) 掌握滴定管使用的注意事项。

职业素养

(1) 养成主动参与、积极进取、探究科学的学习态度。

(2) 养成整洁安全的职业习惯。

(3) 树立规范意识、安全意识和绿色发展的环保意识。

知识点　滴定管的分类和使用

知识点　滴定管的分类和使用

一、滴定管的构造及其准确度

1. 构造

滴定分析又称容量分析，是将一种已知准确浓度的标准溶液滴加到被测定物质的溶液中，直到被测定物质与所加标准溶液完全反应为止，然后根据所用标准溶液的体积和浓度计算出物质的含量。液体体积的精密测量，是滴定分析的重要操作，是获得良好分析结果的重要因素。为此，必须了解如何正确使用容量分析仪器。

滴定管是滴定时可以准确测量滴定剂消耗体积的玻璃仪器。它是一根具有精密刻度，内径均匀的细长玻璃管，可连续地根据需要放出不同体积的液体，并准确读出液体体积。

2. 准确度

常用的滴定管为 50 mL 的或 25 mL 的，刻度小至 0.1 mL，读数可估计到 0.01 mL，一般有 ±0.02 mL 的读数误差，所以每次滴定所用溶液体积最好在 20 mL 以上。若滴定所用体积过小，则滴定管读数误差增大。

二、滴定管的种类

1. 根据长度和容积的不同分类

根据长度和容积的不同，滴定管可分为常量滴定管、半微量滴定管和微量滴定管。

常量滴定管容积有 50 mL、25 mL 等规格，刻度最小 0.1 mL，最小可读到 0.01 mL。半微量滴定管容积为 10 mL，刻度最小 0.05 mL，最小可读到 0.01 mL。其结构一般与常量滴定管较为类似。微量滴定管容积有 1 mL、2 mL、5 mL、10 mL 等规格，刻度最小 0.01 mL，最小可读到 0.001 mL。此外还有半微量半自动滴定管，它可以自动加液，但滴定仍需手动控制。

2. 根据装液不同分类

根据所装液的酸碱性，滴定管一般分为两种：酸式滴定管和碱式滴定管。

（1）酸式滴定管(具塞滴定管)。

酸式滴定管的玻璃瓶塞是固定配合该滴定管的，所以不能任意更换。要注意玻璃瓶塞是否旋转自如，通常是取出瓶塞，拭干，在活塞两端沿圆周抹一薄层凡士林作润滑剂，然后将瓶塞插入，顶紧，旋转几下使凡士林分布均匀(几乎透明)即可，再在瓶塞尾端套一橡皮圈，使之固定。注意凡士林不要涂得太多，否则易使瓶塞中的小孔或滴定管下端管尖堵塞。滴定管在使用前应试漏。

一般的标准溶液均可用酸式滴定管，但因碱性滴定液常使玻璃瓶塞与小孔黏合，以至难以转动，故碱性滴定液宜用碱式滴定管。但碱性滴定液只要使用时间不长，也可使用酸式滴定管，用毕后应立即用水冲洗。

（2）碱式滴定管。

碱式滴定管的管端下部连有橡皮管，管内装一玻璃珠控制开关，一般用作碱性标准溶液的滴定。其准确度不如酸式滴定管，因为橡皮管的弹性会造成液面的变动。具有氧化性的溶液或其他易与橡皮管起作用的溶液，如高锰酸钾、碘、硝酸银等不能使用碱式滴定管。在使用前，应检查橡皮管是否破裂或老化及玻璃珠大小是否合适，确认无渗漏后才可使用。

三、滴定管的使用

1. 检查试漏

滴定管洗净后，先检查旋塞转动是否灵活，是否漏水。先关闭旋塞，将滴定管充满水，用滤纸在旋塞周围和管尖处检查。然后将旋塞旋转 180°，直立 2 min，再用滤纸检查。如漏水，酸式滴定管涂凡士林；碱式滴定管使用前应先检查橡胶管是否老化，检查玻璃珠是否大小适当，若有问题，应及时更换。

2. 滴定管的洗涤

滴定管使用前必须先洗涤，洗涤时以不损伤内壁为原则。无明显油污，不太脏的滴定管，可用肥皂水或洗涤剂冲洗。若较脏而又不易洗净，则用铬酸洗液洗涤。洗涤前，关闭旋塞，倒入约 10 mL 洗液，打开旋塞，放出少量洗液洗涤管尖，然后边转动边向管口倾斜，使洗液布满全管，最后从管口放出(也可用铬酸洗液浸洗)。然后用自来水冲净。再用蒸馏水洗 3 次，每次 10 ~ 15 mL。

碱式滴定管的洗涤方法与酸式滴定管不同，碱式滴定管可以将管尖与玻璃珠取下，放入洗液浸洗。将管体倒立入洗液中，用吸耳球将洗液吸上洗涤。

3. 滴定管的润洗

滴定管在使用前还必须用操作溶液润洗 3 次，每次 10 ~ 15 mL。润洗液弃去。

4. 装液及排气泡

洗涤后再将操作溶液注入至零线以上，检查活塞周围是否有气泡。若有，开大活塞使溶液冲出，以排出气泡。滴定剂必须直接注入，不能使用漏斗或其他器皿辅助。

碱式滴定管排气泡的方法：将碱式滴定管管体竖直，左手拇指捏住玻璃珠，使橡胶管弯曲，管尖斜向上约 45°，挤压玻璃珠处胶管，使溶液冲出，以排除气泡。

5. 滴定

（1）滴定操作。滴定时，应将滴定管垂直地夹在滴定管夹上，滴定台应呈白色。滴定管离锥形瓶口约 1 cm，用左手控制旋塞，拇指在前，食指、中指在后，无名指和小指弯曲在滴定管和旋塞下方之间的直角空间中。转动旋塞时，手指弯曲，手掌要空。右手三指拿住瓶颈，瓶底离台 2 ~ 3 cm，滴定管下端伸入瓶口约 1 cm，微动右手腕关节摇动锥形瓶，边滴边摇，使滴下的溶液混合均匀。摇动锥形瓶的规范方式如下：右手执锥形瓶颈部，手腕用力使瓶底沿顺时针方向画圆，要求使溶液在锥形瓶内均匀旋转，形成漩涡，溶液不能有跳动。管口与锥形瓶应无接触。

碱式滴定管操作方法：滴定时，以左手握住滴定管，拇指在前，食指在后，用其他指头辅助固定管尖。用拇指和食指捏住玻璃珠所在部位，向前挤压胶管，使玻璃珠偏向手心，溶液就可以从空隙中流出。

（2）滴定速度。液体流速由快到慢，起初可以“连滴成线”，之后逐滴滴下，快到终点时则要半滴半滴地加入。半滴的加入方法如下：小心放下半滴滴定液悬于管口，用锥形瓶内壁靠半滴滴定液，然后用洗瓶冲下。

（3）终点操作。当锥形瓶内指示剂指示终点时，立刻关闭旋塞停止滴定。洗瓶淋洗锥形瓶内壁。取下滴定管，右手执管上部无液部分，使管垂直，目光与液面平齐，读出读数。读数时应估读一位。滴定结束，滴定管内剩余溶液应弃去，洗净滴定管后，夹在夹上备用。

6. 读数

可将滴定管夹在滴定管架上，也可从管架上取下，用手拿着滴定管上部无刻度处，两种方法均需使滴定管保持垂直，必须注意初读与终读应采用同一种读数方法。不同的溶液采用读数方法如下。

（1）无色溶液：视线与溶液弯月面的最低点在同一水平线上。

（2）深色溶液：视线与液面两侧的最高点相切。

（3）蓝条滴定管：应当以蓝线的最尖部分的位置读数。

四、滴定管使用注意事项

（1）滴定管在装满标准溶液后，管外壁的溶液要擦干，以免流下或溶液挥发而使管内溶液温度降低(在夏季影响尤大)。手持滴定管时，也要避免手心紧握装有溶液部分的管壁，以免手温高于室温(尤其在冬季)而使溶液的体积膨胀，造成读数误差。

(2) 使用酸式滴定管时，应将滴定管固定在滴定管架上，旋塞柄向右，左手从中间向右伸出，拇指在管前，食指及中指在管后，三指平行地轻轻拿住旋塞柄，无名指及小指向手心弯曲，食指及中指由下向上顶住旋塞柄一端，拇指在上面配合动作。在转动时，中指及食指不要伸直，应该微微弯曲，轻轻向左扣住，这样既容易操作，又可防止把旋塞顶出。

(3) 每次滴定须从零刻度开始，以使每次测定结果能抵消滴定管的刻度误差。

(4) 在装满标准溶液后，滴定前初读零点，应静置 1 ~ 2 min 再读一次，如液面读数无改变，仍为零，才能滴定。滴定时不应太快，每秒钟放出 3 ~ 4 滴为宜，更不应成液柱流下，尤其在接近计量点时，更应逐滴加入(在计量点前可适当加快滴定)。滴定至终点后，须等 1 ~ 2 min，使附着在内壁的标准溶液流下来以后再读数，如果放出滴定液的速度相当慢，等半分钟后读数亦可，终读也至少读两次。

(5) 读数时可将滴定管垂直夹在滴定管架上或手持滴定管上端使自由地垂直读取刻度。读数时还应该注意眼睛的位置与液面处在同一水平面上，否则将会引起误差。

(6) 读数应该在弯月面下缘最低点，但遇标准溶液颜色太深，不能观察下缘时，可以读液面两侧最高点，初读与终读应使用同一标准。

(7) 滴定管有无色、棕色两种，一般需避光保存的滴定液(如硝酸银标准溶液、硫代硫酸钠标准溶液等)，需用棕色滴定管。

课堂习题

一、填空题

(1) 滴定管是滴定时可以准确测量________的玻璃仪器，它是一根具有________，内径均匀的细长玻璃管，可连续地根据需要放出不同体积的液体，并准确读出________的量器。

(2) 每次滴定须从________开始，以使每次测定结果能抵消滴定管的刻度误差。

(3) 在装满滴定溶液后，滴定前“初读”零点，应静置________再读一次，如液面读数________，仍为零，才能滴定。

(4) 滴定管有无色、棕色两种，一般需避光的滴定液(如硝酸银标准溶液、硫代硫酸钠标准溶液等)，需用________。

二、简答题

(1) 使用滴定管前，如何对容量瓶进行检查？

(2) 如何对碱式滴定管进行排气？

(3) 简述滴定管中装有不同溶液时读数的方法。

技能点一　准确移取一定体积的溶液

技能点一　准确移取一定体积的溶液

一、工作准备

1. 试剂

(1) 铬酸洗液。

(2) 蒸馏水。

2. 仪器

(1) 酸式滴定管。

(2) 碱式滴定管。

(3) 250 mL 锥形瓶。

3. 技能练习要求

练习使用滴定管，并掌握滴定操作。

二、操作步骤

(1) 认识滴定管，区别碱式滴定管和酸式滴定管。

(2) 检查滴定管。

(3) 涂油、试漏。

(4) 洗涤，并用待装液润洗。

(5) 装溶液，排气泡，调零。

(6) 滴定速度的控制(快速滴定，逐滴加入)。

(7) 读数。

(8) 完毕后将滴定管洗净，倒夹在滴定台上。

三、操作要点

(1) 初读数与终读数应采用同一读数方法。

(2) 刚刚添加完溶液或刚刚滴定完毕，不要立即调整零点或读数，而应等待 0.5 ~ 1 min，以使附着的溶液流下来，使读数准确可靠。读数须准确至 0.01 mL。

(3) 读取初读数前，若滴定管尖悬挂液滴，应该用锥形瓶内壁将液滴沾去。在读取终读数前，如果出口管尖悬有溶液，此次读数不能使用。

课堂习题

一、填空题

(1) 滴定管使用时，要用________润洗________次。

(2) 每次滴定，初读数与终读数应________。

(3) 读取初读数前，若滴定管尖________，应该用锥形瓶内壁将液滴沾去。在读取终读数前，如果出口管尖悬有溶液，此次读数不能________。

二、简答题

(1) 简述酸式滴定管涂油的方法。

(2) 使用前，如何对碱式滴定管进行检查？

(3) 简述酸式滴定管使用注意事项。

任务考核

滴定管使用操作标准及评分见表 2－9。

表 2－9　滴定管使用操作标准及评分

考核要素	评分要素	配分	评分标准		扣分	得分
基本操作	准备	30 分	物品摆放	5 分		
			仪器清洗	5 分		
			滴定管试漏	5 分		
			酸式滴定管涂油(或碱式滴定管调换玻璃珠、乳胶管)	5 分		
			滴定管清洗、润洗	10 分		
	滴定	40 分	排气泡	10 分		
			调整液面	5 分		
			滴定速度	10 分		
			终点判断	5 分		
			终点读数	10 分		
文明操作	实验结果	20 分	数据记录	5 分		
			数据处理	5 分		
			结果准确度	10 分		
	统筹安排能力、工作态度	10 分	仪器清洗、复位	5 分		
			完成时间符合要求	5 分		
总计						

技能点二　滴定管的校正

一、工作准备

技能点二
滴定管的校正

1. 试剂

蒸馏水。

2. 仪器

(1) 分析天平(0.000 1 g)。

(2) 称量杯。

(3) 滴定管。

(4) 温度计：测量范围 10~30 ℃，分度值为 0.1 ℃的精密温度计。

(5) 玻璃棒。

3. 参考标准

《中华人民共和国国家计量检定规程常用玻璃量器》(JJG 196—2006)。

4. 技能练习要求

校准所用滴定管。

二、操作步骤

(1) 将清洗干净的被检滴定管垂直稳固地安装到检定架上，充水至最高标线以上约 5 mm 处。

(2) 缓慢地将液面调整到零位，同时排出流液口中的空气，移去流液口的最后一滴水珠。

(3) 取一只容量大于被检滴定管的带盖称量杯，称得空杯的质量。

(4) 完全开启活塞(对于无塞滴定管，还需用力挤压玻璃小球)，使水充分地从流液口流出。

(5) 当液面降至被检分度线以上约 5 mm 处时，等待 30 s，然后 10 s 内将液面调至被检分度线上，随即用称量杯移去流液口的最后一滴水珠。

(6) 将被检滴定管内的纯水放入称量杯后，称得纯水质量(m)。

(7) 在调整被检滴定管液面的同时，应观察测量水温，读数应准确到 0.1 ℃。

(8) 按照式(2-1)计算滴定管在标准温度 20 ℃时的实际容量。

(9) 对滴定管除计算各检定点容量误差外，还应计算任意两点之间的最大误差。

(10) 用实际容量与标称容量之差记录。

三、原始数据记录

将实验数据填入表 2-10。

表 2-10 滴定管自校记录

序号	温度/℃	称量记录/g		纯水的质量/g	实际容量/mL	校正值/mL	总校正值/mL
		称量杯质量	称量杯和纯水的共同质量				
1							
2							

四、操作要点

(1) 待校正的仪器检定前需进行清洗。

(2) 器壁上不应有挂水等玷污现象，使液面与器壁接触处形成正常弯月面。

(3) 清洗干净的被检量器须在检定前 4 h 放入实验室内。

(4) 一般每个容量仪器应同时校正 2~3 次，取其平均值。

(5) 校正所用的纯化水及欲校正的玻璃容器，至少提前 1 h 放进天平室，待温度恒定后，再进行校正，以减少校正的误差。

(6) 校正时使用的温度计必须定期送计量部门检定。按检定结果读取温度。

课堂习题

一、填空题

(1) 根据长度和容积的不同，滴定管可分为______、______、______。

(2) 碱式滴定管一般用作______的滴定。具有______性的溶液或其他易与橡皮起作用的溶液，如高锰酸钾、碘、硝酸银等不能使用______滴定管。

(3) 滴定时不应太快，1 s 放出______滴为宜，更不应成液柱流下，尤其在接近计量点时，更应逐滴加入(在计量点前可适当加快滴定)。滴定至终点后，须等待______，使附着在内壁的标准溶液流下来以后再读数，如果放出滴定液的速度相当慢，等 0.5 min 后读数也可，终读也至少读______次。

二、简答题

(1) 碱式滴定管如何排气泡?

(2) 不同溶液放入滴定管，读数时有何不同?

(3) 简述滴定管校正过程中的注意事项。

任务考核

滴定管校正操作标准及评分见表 2-11。

表 2-11 滴定管校正操作标准及评分

考核要素	评分要素	配分	评分标准		扣分	得分
基本操作	准备	20 分	滴定管的检查	5 分		
			滴定管的清洗	5 分		
			蒸馏水、温度计的准备	10 分		
	滴定管校正	60 分	称量杯的使用	10 分		
			加液至刻度线	10 分		
			测定水温	10 分		
			计算真实容量及校正值	15 分		
			填写自校正记录单	15 分		
文明操作	实验结果	5 分	滴定管放置	5 分		
	统筹安排能力、工作态度	15 分	清理实验台，仪器、药品摆放整齐	5 分		
			完成时间符合要求	10 分		
总计						

任务四 使用及校正分析天平

学习目标

(1) 查阅分析天平的相关资料，熟悉分析天平的分类、原理及适用范围。

(2) 通过看分析天平使用的视频，归纳、总结正确使用分析天平的方法。

(3) 练习分析天平的使用，并准确称量。

技能目标

(1) 了解称量法的分类及适用条件。

(2) 掌握分析天平的原理、分类、使用及校正方法。

(3) 正确使用分析天平，掌握天平调零、称量、校正、维护的方法。

(4) 准确称量一定量的样品。

职业素养

(1) 养成尊重数据、尊重科学严谨的科学态度。

(2) 学会发现问题、分析问题、解决问题的思维方式；

(3) 养成自觉遵守安全操作规程的规范意识。

知识点一 称量方法

天平的称量方法可分为直接称量法(简称直接法)和递减称量法(简称减量法)。

知识点一
称量方法

1. 直接称量法

直接称量法用于称取不易吸水、在空气中性质稳定的物质，如称量金属或合金试样。

称量时先称出称量纸(硫酸纸)的质量(m_1)，加上试样后再称出称量纸与试样的总质量(m_2)。称出的试样质量 $= m_2 - m_1$。

2. 递减称量法

递减称量法(减量法)是由两次称量之差得到试样质量的称量方法。此法用于称取粉末状或容易吸水、氧化，与二氧化碳反应的物质。递减称量法称量应使用称量瓶，称量瓶使用前须清洗干净，干净的称量瓶(盖)不能用手直接拿取，而要用干净的纸条套在称量瓶上夹取。称量时，先将试样装入称量瓶中，在台秤上粗称之后，放入天平中称出称量瓶与试样的总质量(m_1)，用纸条夹住取出称量瓶后，小心倾出部分试样后再称出称量瓶和余下的试样的总质量(m_2)，称出的试样质量 $= m_1 - m_2$。

递减称量法称量时，应注意不要让试样撒落到容器外，当试样量接近要求时，将称量瓶缓慢竖起，用瓶盖轻敲瓶口，使粘在瓶口的试样落入称量瓶或容器中。盖好瓶盖，再次称量，直到倾出的试样量符合要求为止。初学者常常掌握不好量的多少，倾出超出要求的试样量，为此，可少量多次，逐渐掌握和建立起量的概念。

课堂习题

简答题

(1) 简述递减称量法的操作过程。

(2) 简述递减称量法的注意事项。

知识点二　电子分析天平

一、电子分析天平的构造和分类

知识点二
电子分析天平

1. 电子分析天平的构造

电子天平是最新一代的天平，是根据电磁力平衡原理直接称量的，全量程不需砝码。放上称量物后，在几秒钟内即达到平衡，显示读数，称量速度快，精度高。电子天平的支承点用弹性簧片取代机械天平的玛瑙刀口，用差动变压器取代升降枢装置，用数字显示代替指针刻度式。因而，电子天平具有使用寿命长、性能稳定、操作简便和灵敏度高的特点。此外，电子天平还具有自动校正、自动去皮、超载指示、故障报警及质量电信号输出功能，且可与打印机、计算机联用，进一步扩展其功能，如统计称量质量的最大值、最小值、平均值及标准偏差等。由于电子天平具有机械天平无法比拟的优点，尽管其价格较贵，仍越来越广泛地应用于各个领域并逐步取代机械天平。

2. 电子分析天平的分类

电子天平按结构可分为上皿式和下皿式两种。称盘在支架上面为上皿式，称盘吊挂在支架下面为下皿式。目前，广泛使用的是上皿式电子天平。尽管电子天平种类繁多，但其使用方法大同小异，具体操作可参看各仪器的使用说明书。

二、电子分析天平的使用方法

(1) 水平调节。观察水平仪，如水平仪水泡偏移，需调整水平调节脚，使水泡位于水平仪中心。

(2) 预热。接通电源，预热至规定时间后，开启显示器进行操作。

(3) 开启显示器。轻按 ON 键，显示器全亮，约 2 s 后，显示天平的型号，然后显示称量模式 0.000 0 g。读数时应关上天平门。

(4) 天平基本模式的选定。天平通常为“通常情况”模式，并具有断电记忆功能。使用时若改为其他模式，使用后一经按 OFF 键，天平即恢复“通常情况”模式。称量单位的设置等可按说明书进行操作。

(5) 校准。天平安装后，第一次使用前，应对天平进行校准。因存放时间较长、位置移动、环境变化或未获得精确测量，天平在使用前一般应进行校准操作。本天平采用外校准功能(有的电子天平具有内校准功能)，由 TAR 键(清零)及 CAL 键、100 g 校准砝码完成。

(6) 称量。按 TAR 键，显示为零后，置称量物于秤盘上，待数字稳定即显示器左下角的“0”消失后，即可读出称量物的质量值。

(7) 去皮称量。按 TAR 键清零，置容器于秤盘上，天平显示容器质量，再按 TAR 键，显示零，即去除皮重。再置称量物于容器中，或将称量物(粉末状物或液体)逐步加入容器中直至达到所需质量，待显示器左下角“0”消失，这时显示的是称量物的净质量。将秤盘上的所有物品拿开后，天平显示负值，按 TAR 键，天平显示 0.000 0 g。若称量过程中秤盘上的总质量超过最大载荷(FA1604 型电子天平为 160 g)时，天平仅显示上部线段，此时应立即减小载荷。

(8) 称量结束后，若较短时间内还使用天平(或其他人还使用天平)，一般不用按 OFF 键关闭显示器。实验全部结束后，关闭显示器，切断电源。若短时间内(如 2 h 内)还使用天平，可不必切断电源，再用时可省去预热时间。

(9) 若当天不再使用天平，应拔下电源插头。

三、电子分析天平使用的注意事项

(1) 在使用电子天平前，调整水平仪气泡至中间位置，否则读数不准。

(2) 使用电子天平时，称量物品的重心须位于秤盘中心点；称量物品时应遵循逐次添加的原则，轻拿轻放，避免对传感器造成冲击；且称量物不可超出称量范围，以免损坏天平。

(3) 称量易挥发和具有腐蚀性的物品时，要盛放在密闭的容器中，以免腐蚀和损坏电子天平。另外，若有液体滴于秤盘上，立即用吸水纸轻轻吸干，不可用抹布等粗糙物擦拭。

(4) 每次使用完天平后，应对天平内部、外部周围区域进行清理，不可把待称量物品长时间放置于天平周围，以免影响后续使用。

(5) 仪器管理人经常对电子天平进行校准，一般应 3 个月校一次，保证其处于最佳状态。天平内干燥剂应保持蓝色状态，否则应及时更换。

四、电子分析天平的维护与保养

(1) 天平应放在水泥台上或坚实不易振动的台上，天平室应避开附近常有较大震动的地方。天平室应注意随手关门。

(2) 天平应避免阳光直射、强烈的温度变化及空气对流，应安放于干燥的环境中，可在风罩内放干燥剂。如发现部分硅胶由蓝色变为粉红色，应立即更换。

(3) 工作环境温度 10～30 ℃，相对湿度在 70% 以下。

(4) 在称量完化学样品后，应用毛刷清洁秤盘和底板。保持天平内部清洁，必要时用软毛刷或无水乙醇擦净。

(5) 称量易挥发和具有腐蚀性的物品时，要盛放在密闭的容器中，以免腐蚀和损坏电子天平。

(6) 称量质量不得过天平的最大载荷。

(7) 经常对电子天平进行自校或定期外校，保证其处于最佳状态。

(8) 天平发生故障，不得擅自修理，应立即报告测试中心质量负责人。

(9) 天平放妥后不宜经常搬动。必须搬动时，移动天平位置后，应由市计量部门校正计量合格后，方可使用。

课堂习题

一、填空题

(1) 电子天平按结构可分为________和________两种。

(2) 天平的安放应避免________、强烈的温度变化及空气对流，应安放于________的环境中，可在风罩内放干燥剂，如发现部分硅胶由蓝色为________色，应立即更换。

(3) 电子天平使用时，称量物品的重心，须位于秤盘__________；称量物品时应遵循________原则，轻拿轻放，避免对传感器造成冲击；且称量物不可超出________，以免损坏天平。

(4) 仪器管理人经常对电子天平进行校准，一般应________校准一次，保证其处于最佳状态。

二、简答题

(1) 简述电子天平的使用方法。

(2) 电子天平中使用的干燥剂是什么？

(3) 如何判断电子天平是否水平？

技能点一　称量瓶的恒重

一、工作准备

技能点一
称量瓶的恒重

1. 仪器

(1) 电子分析天平(0.1 mg)。

(2) 称量瓶。

(3) 电热恒温干燥箱。

(4) 干燥器(带干燥剂)。

2. 技能练习要求

练习称量瓶及干燥器的使用，并干燥给定称量瓶至恒重。

二、操作步骤

（1）将洗净的称量瓶置于恒温干燥箱中，打开瓶盖并放于称量瓶旁，于105 ℃干燥2 h，取出称量瓶，加盖，置于干燥器中冷却（约30 min）至室温，称重，质量记为m_1。

（2）再将称量瓶放恒温干燥箱中30 min或1 h，取出称量瓶，加盖，再放干燥器中30 min后精确称定质量记为m_2，如此反复至恒重（前后两次质量差不超过2 mg）。

三、原始数据记录

将实验数据填入表2－12。

表2－12　称量瓶恒重数据记录

称量瓶编号	称量瓶的质量 m_1/g	称量瓶的质量 m_2/g	称量瓶的质量 m_3/g
1			
2			

四、操作要点

（1）干燥时间要达到要求。

（2）称量瓶要清洗干净。

（3）放置、冷却称量瓶的地方要洁净、干燥。

（4）通过控制冷却时间，来控制冷却温度。

（5）干燥器型号应符合干燥要求，干燥剂吸湿效果良好。

课堂习题

一、填空题

（1）对称量瓶进行恒重前，应________。

（2）烘干称量瓶至恒重时，将洗净的称量瓶置__________中，打开瓶盖并放于称量瓶________，于105 ℃干燥________。

（3）干燥器常用的干燥剂是________，如发现部分硅胶由________变色为________色，应立即更换。

二、简答题

（1）简述称量瓶烘干恒重的过程。

（2）对称量瓶进行烘干恒重前，应做哪些准备？

（3）简述干燥器的使用方法。

任务考核

称量瓶的恒重操作标准及评分见表2－13。

表 2－13　称量瓶的恒重操作标准及评分

考核要素	评分要素	配分	评分标准		扣分	得分
基本操作	准备	70 分	物品摆放	5 分		
			仪器准备	5 分		
			分析天平水平度检查	10 分		
			分析天平调零	10 分		
			称量	20 分		
			电热恒温干燥箱使用	10 分		
			干燥器使用	10 分		
	实验结果	10 分	数据记录	5 分		
			结果准确度	5 分		
文明操作	统筹安排能力、工作态度	20 分	关闭天平开关，关闭天平门，罩好天平，恒温干燥箱断电	10 分		
			合理安排时间	5 分		
			完成时间	5 分		
总计						

技能点二　递减称量法称量一定量样品

一、工作准备

技能点二　递减称量法称量一定量样品

1. 仪器

(1) 电子分析天平(0.1 mg)。

(2) 称量瓶。

(3) 电热恒温干燥箱。

(4) 干燥器(带变色硅胶)。

(5) 锥形瓶或小烧杯。

2. 样品

食盐。

3. 技能练习要求

练习用递减称量法平行称取两份 0.4～0.5 g 的食盐。

二、操作步骤

(1) 放入装有样品的称量瓶。

(2) 开启天平侧门，用纸带将装有样品的称量瓶置于天平秤盘中央，不应直接用手接触。并且必须轻拿轻放。记录数据 m_1。

(3) 左手拿纸带取出称量瓶，右手拿纸片捏紧瓶盖，瓶口正对自己向前倾斜，并左右敲击称量瓶口边缘，让样品缓慢地掉落于干燥的锥形瓶中或小烧杯中，估计质量后，在瓶口轻轻敲击瓶的外壁，让样品平铺于瓶底，再放回天平称盘中央，读数。

(4) 计算取出样品的质量是否符合要求，若不符合，则反复3~5次，直到达到所需称量的质量范围为止。

(5) 读数并记录：天平显示被取出物质的质量，数字稳定15 s后读数，记录数据m_2。

(6) 计算取出药品的准确质量：倾出试样的质量$m_{试样}=m_1-m_2$。

三、原始数据记录

将实验数据填入表2-14。

表2-14　递减称量法称量数据记录

称量瓶编号	1	2
称量瓶+样品的质量m_1(倾出前)(g)		
称量瓶+样品的质量m_2(倾出后)(g)		
倾出试样的质量$m_{试样}=m_1-m_2$		

四、操作要点

(1) 若倒入试样量不够，可重复上述操作；如倒入试样大大超过所需要数量，则只能弃去重做。

(2) 盛有试样的称量瓶除放在秤盘上或用纸带拿在手中外，不得放在其他地方，以免沾污。

(3) 套上或取出纸带时，不要碰到称量瓶口，纸带应放在清洁的地方。

(4) 粘在瓶口上的试样尽量处理干净，以免粘到瓶盖上或丢失。

(5) 要在接收容器的上方打开瓶盖或盖上瓶盖，以免可能黏附在瓶盖上的试样失落他处。

(6) 递减称量法用于称取易吸水、易氧化或易与CO_2反应的物质。此称量法比较简便、快速、准确，在分析化学实验中常用来称取待测样品和基准物，是常用的一种称量法。

课堂习题

一、填空题

(1) 用递减称量法称量前，应将样品装入________。

(2) 计算取出药品的准确质量：倾出试样的质量为________。

(3) 递减称量法用于称取________、________或________物质。该称量法比较简便、快速、准确，在分析化学实验中常用来称取待测样品和基准物，是常用的一种称量法。

二、简答题

(1) 递减称量法称量样品前，应进行哪些准备工作?

（2）设计递减称量法称量样品的原始数据记录表。

任务考核

递减称量法称量操作标准及评分见表2－15。

表2－15 递减称量法称量操作标准及评分

考核要素	评分要素	配分	评分标准		扣分	得分
基本操作	准备	40分	物品摆放	5分		
			仪器准备	5分		
			分析天平水平度检查	10分		
			分析天平调零	10分		
			分析天平预热	10分		
	称量	40分	称量瓶的使用	20分		
			读数并记录	10分		
			计算取出药品的准确质量	10分		
文明操作	统筹安排能力、工作态度	20分	关闭天平开关，关闭天平门，罩好天平，恒温干燥箱断电	10分		
			合理安排时间	5分		
			完成时间符合要求	5分		
总计						

技能点三　分析天平的校正

一、工作准备

技能点三　分析天平的校正

1. 校验条件

（1）检定应在稳定的环境温度下进行，一般为室温。

（2）相对湿度不大于80%。

（3）振动、大气中水汽凝结和气流及磁场等其他影响不得对测量结果产生影响。

（4）天平和砝码应尽量避免阳光直射。

2. 仪器

（1）分析天平（0.000 1 g）。

（2）标准砝码（天平自带）。

3. 参考依据

所使用电子天平的使用说明书。

4. 技能练习要求

校正所用电子天平。

二、操作步骤

(1) 开启天平前确保天平水平。

(2) 接通电源，预热天平，时间为2~3 h，达到平衡、稳定。

(3) 天平秤盘没有称量物品时应稳定地显示为零位。

(4) 按CAL键，启动天平的内部校准功能，稍后电子天平显示“C”，表示正在进行内部校准。

(5) 当电子天平显示器显示为零位时，说明电子天平已经校准完毕。

(6) 如果在校正中出现错误，电子天平显示器将显示“Err”，显示时间很短，应该重新清零，重新进行校正。

三、原始数据记录

将实验数据填入表2-16。

表2-16 电子天平校准记录

天平名称			
校准时间	校准码	实测值	判定

四、操作要点

(1) 动作要缓而轻：缓慢打开升降旋枢且开至最大位置，慢慢转动圈码，防止圈码脱落或错位。

(2) 称量物不能直接放在称量盘内，根据称量物的不同性质，可放在纸片、表面皿或称量瓶内。

(3) 不能称超过天平最大载重量的物体。

(4) 同一称量过程中不能更换天平，以免产生相对误差。

课堂习题

一、填空题

(1) 校准天平，接通电源，预热天平，时间大概在________之间，达到平衡、稳定。

(2) 天平秤盘没有称量物品时，应稳定地显示为________。

(3) 天平的安放应避免________、强烈的温度变化及空气对流，应安放于________的环境中，可在风罩内放干燥剂。如发现部分硅胶由蓝色变为________，应立即更换。

二、简答题

(1) 简述电子天平的构造。

(2) 简述电子天平的校准过程。

(3) 设计天平校准记录单。

任务考核

电子分析天平校正操作标准及评分见表 2－17。

表 2－17　电子分析天平校正操作标准及评分

考核要素	评分要素	配分	评分标准		扣分	得分
基本操作	准备	70 分	物品摆放	5 分		
			仪器准备	5 分		
			分析天平水平度检查	10 分		
			分析天平调零	10 分		
			启动天平内部校正功能	10 分		
			校正	20 分		
			校正砝码的使用	10 分		
	实验结果	10 分	校正记录	5 分		
			结果判定	5 分		
文明操作	统筹安排能力、工作态度	20 分	关闭天平开关，关闭天平门，罩好天平，恒温干燥箱断电	10 分		
			合理安排时间	5 分		
			完成时间	5 分		
总计						

任务五　溶解、过滤及沉淀试样

学习目标

(1) 查阅试样过滤的相关资料，熟悉滤纸的分类并掌握选择滤纸的方法。

(2) 练习过滤操作，归纳、总结不同试样的正确过滤步骤。

(3) 学习过滤操作的一般程序及要点。

技能目标

(1) 了解滤纸的分类并掌握选择滤纸的方法。

(2) 能正确对不同试样进行过滤操作。

(3) 掌握过滤操作的一般程序及要点。

职业素养

(1) 坚定爱党、爱国、爱社会主义、爱人民、爱集体的理想信念。

(2) 提高沟通表达能力和团队协作力。

(3) 培养缜密的分析能力，树立规范操作的实验安全意识。

知识点一　滤纸

知识点一　滤纸

滤纸由棉质纤维组成，按不同的用途而使用不同的方法制作。由于其材质是纤维制成品，因此它的表面有无数小孔可供液体粒子通过，而体积较大的固体粒子则不能通过。这种性质容许混合在一起的液态及固态物质分离。选择合适的滤纸，要考虑硬度、过滤效率、容量及适用性 4 个因素。

滤纸一般可分为定性及定量两种。在分析化学的应用中，当无机化合物经过过滤分离出沉淀物后，收集在滤纸上的残余物，可用来计算实验过程中的流失率。定性滤纸经过过滤后有较多的棉质纤维生成，因此只适用于做定性分析。定量滤纸，特别是无灰级的滤纸经过特别的处理程序，能够较有效地抵抗化学反应，因此所生成的杂质较少，可用于定量分析。除了一般实验室应用滤纸外，生活上及工程上滤纸的应用也很多。咖啡滤纸就是其中一种被广泛应用的滤纸，茶包外层的滤纸则提供了高柔软度及高湿强度等特性。其他使用测试空气中悬浮粒子的空气滤纸，以及应用在不同工业上的纤维滤纸等。

目前我国生产的滤纸主要有定量分析滤纸、定性分析滤纸和层析定性分析滤纸 3 类。定量滤纸和定性滤纸这两个概念都是纤维素滤纸才有的，不适用于其他类型的滤纸，如玻璃微纤维滤纸。

一、定量分析滤纸

定量分析滤纸用于精密计算的过滤，如测定残渣、不溶物等，一般定量分析滤纸过滤后，还需进入高温炉进行处理。在制造定量分析滤纸过程中，纸浆经过盐酸和氢氟酸处理，并经过蒸馏水洗涤，将纸纤维中大部分杂质除去，所以灼烧后残留灰分很少，对分析结果几乎不产生影响，适于进行精密定量分析。目前国内生产的定量分析滤纸，分快速、中速、慢速 3 类，在滤纸盒上分别用蓝色带(快速)、白色带(中速)、红色带(慢速)为标志分类。滤纸的外形有圆形和方形两种，圆形滤纸的规格按直径分为 9 cm、11 cm、12.5 cm、15 cm 和 18 cm 数种。方形滤纸有 60 cm × 60 cm 和 30 cm × 30 cm 等规格。

定量分析滤纸用于定量化学分析中重量法分析实验和相应的分析实验。定量分析滤纸主要用于过滤后需要灰化称量分析实验，其每张滤纸灰化后的灰分质量是个定值，定量滤纸不超过 0.000 9%(质量分数)，所以灼烧后残留灰分很少，对分析结果几乎不产生影响，适于作精密定量分析。

国产定量分析滤纸的类型见表 2 – 18。

表 2-18 国产定量分析滤纸的类型

类型	滤纸盒上色带标志	滤速/(s/100 mL)	适用范围
快速	蓝色	60~100	无定形沉淀，如 $Fe(OH)_3$
中速	白色	100~160	中等粒度沉淀，如 $MgNH_4PO_4$
慢速	红色	160~200	细粒状沉淀，如 $BaSO_4$

国产定量分析滤纸的灰分质量见表 2-19。

表 2-19 国产定量分析滤纸的灰分质量

直径/cm	7	9	11	12.5
灰分/(g/张)	3.5×10^{-5}	5.5×10^{-5}	8.5×10^{-5}	1.0×10^{-4}

二、定性分析滤纸

定性分析滤纸一般残留灰分较多，仅供一般的定性分析和过滤沉淀或溶液中使用，不能用于质量分析。定性分析滤纸的类型和规格与定量分析滤纸基本相同，表示快速、中速和慢速是在包装上印上“快速”“中速”“慢速”字样。

使用定量和定性分析滤纸过滤沉淀时应注意：

(1) 一般采用自然过滤的方法，利用滤纸体和截留固体微粒的能力，使液体和固体分离。

(2) 由于滤纸的机械强度和韧性都较小，尽量少用抽滤的方法过滤。如必须加快过滤速度，为防止穿滤而导致过滤失败，在气泵过滤时，可根据抽力大小在漏斗中叠放 2~3 层滤纸；在用真空抽滤时，在漏斗上先垫一层致密滤布，上面再放滤纸过滤。

(3) 滤纸最好不要过滤热的浓硫酸或硝酸溶液。

三、层析定性分析滤纸

层析定性分析滤纸主要是在纸色谱分析法中用作载体，进行待测物的定性分离。层析定性分析滤纸有 1 号和 3 号两种，每种又分为快速、中速和慢速 3 种。

课堂习题

填空题

(1) 滤纸分为________滤纸和________滤纸两种，重量分析中常用________滤纸，又称为________滤纸。

(2) 定量滤纸是用于________的过滤，如测定________、不溶物等。

知识点二　漏斗

漏斗是过滤实验中不可缺少的仪器。漏斗的种类很多，常用的有普通漏斗（图 2－6）、热水漏斗、高压漏斗、分液漏斗、布氏漏斗和安全漏斗等。按口径的大小和颈的长短，又可分成不同型号的长颈漏斗和短颈漏斗。

知识点二　漏斗

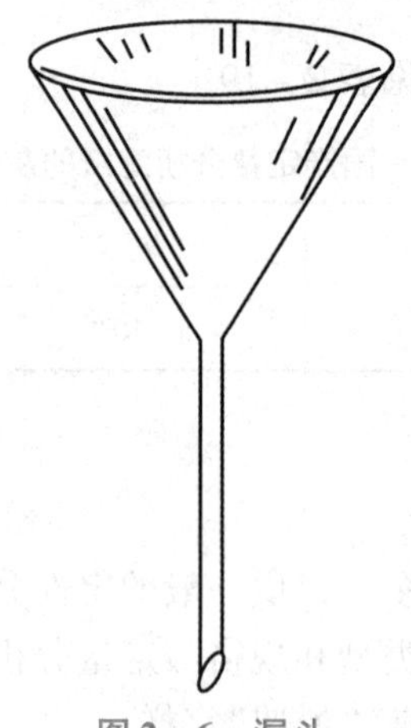

图 2－6　漏斗

长颈漏斗（图 2－7）用于定量分析，过滤沉淀。其颈长为 15～20 cm，漏斗锥体角应为 60°，颈的直径要小些，一般为 3～5 mm，以便在颈内保留水柱，出口处磨成 45°角。承接滤液的烧杯，其内壁应与漏斗颈末端接触，以防止滤液溅失。在化学反应中，长颈漏斗也用于随时添加液体药品。

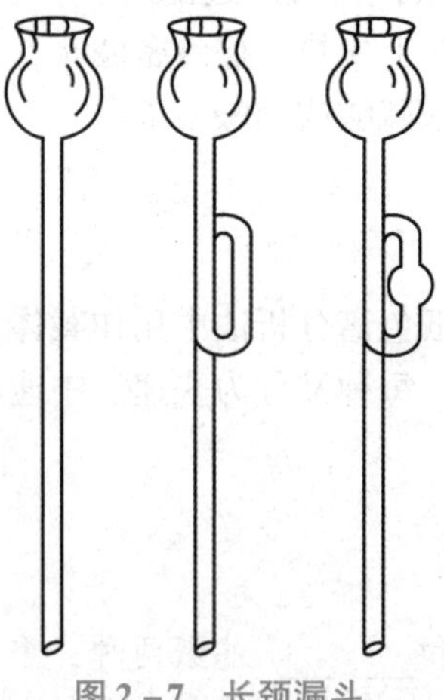

图 2－7　长颈漏斗

短颈漏斗用于一般热过滤，既然是热过滤，就要保持滤液的温度，若使用长颈漏斗过滤，则沿颈下落的溶液会降温，达不到热过滤的效果。

分液漏斗（图 2－8），用于控制添加液体药品的速率，还可用于分液。分液漏斗分为球形、梨形和筒形等多种样式。球形分液漏斗的颈较长，多用于制气装置中滴加液体的仪器，梨形分液漏斗的颈比较短，常用于萃取操作的仪器。

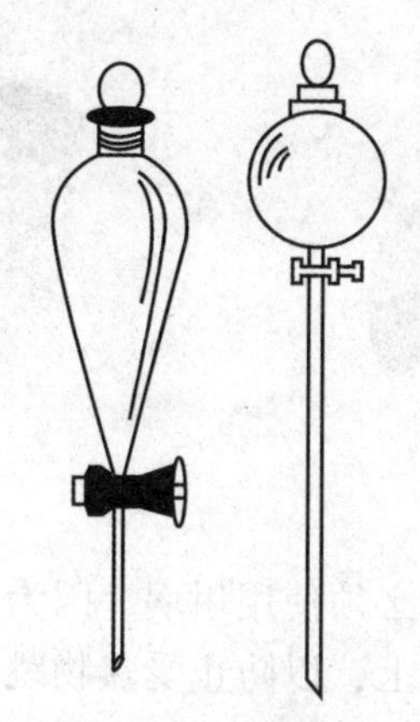

图 2-8 分液漏斗

布氏漏斗(图 2-9)和抽滤装置合用，以加快过滤速度。过滤时，漏斗中要装入滤纸。滤纸有许多种，根据过滤的不同要求可选用不同的滤纸，并根据漏斗的尺寸购买相应尺寸的滤纸。

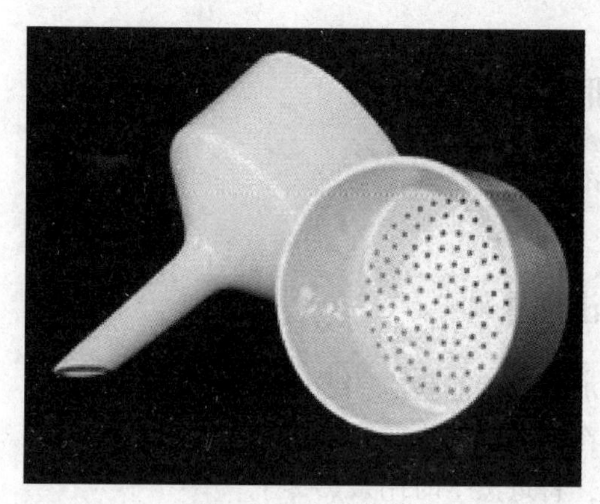

图 2-9 布氏漏斗

课堂习题

填空题

(1) 漏斗是过滤实验中不可缺少的仪器，漏斗的种类很多，常用的有普通漏斗、________、高压漏斗、________和安全漏斗等。

(2) 布氏漏斗和抽滤装置合用，可以________过滤速度。

知识点三　坩埚

坩埚是一种重要的化学仪器，是用极耐火的材料(如黏土、石墨、瓷土或较难熔化的金属)所制的器皿或熔化罐。根据坩埚的生产原料不同，又可将坩埚分为瓷坩埚(图 2-10)、砂芯坩埚、铁坩埚、镍坩埚、银坩埚、铂坩埚(图 2-11)、聚四氟乙烯坩埚。

知识点三　坩埚

图 2-10　瓷坩埚

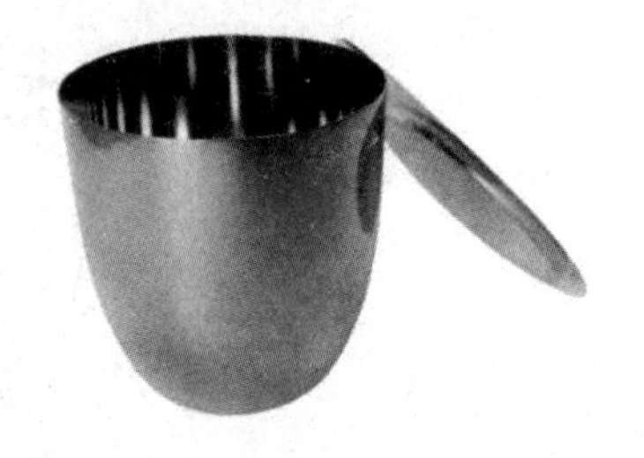

图 2-11　铂坩埚

当有固体要以大火加热时，就必须使用坩埚。因为它比玻璃器皿更能承受高温。使用坩埚时通常会将坩埚盖斜放在坩埚上，以防止受热物跳出，并让空气能自由进出以进行可能的氧化反应。坩埚因其底部很小，一般需要架在泥三角上才能以火直接加热。坩埚在铁三脚架上正放或斜放皆可，视实验的需求可以自行安置。坩埚加热后不可立刻将其置于冷的金属桌面上，以避免它因急剧冷却而破裂。也不可立即放在木质桌面上，以免烫坏桌面或是引起火灾。正确的做法为留置在铁三脚架上自然冷却，或是放在石棉网上令其慢慢冷却。

一、坩埚的主要用途

(1) 溶液的蒸发、浓缩或结晶。

(2) 灼烧固体物质。

二、坩埚的使用注意事项

(1) 可直接受热，加热后不能骤冷，需用坩埚钳取下。

(2) 坩埚受热时放在铁三脚架上。

(3) 蒸发时要搅拌，将近蒸干时用余热蒸干。

(4) 用后放置干燥处，避免雨水侵入；使用前须缓慢烘烤到 500 ℃方可使用。

(5) 应根据坩埚容量加料，忌挤得太紧，以免金属发生热膨胀胀裂坩埚。

(6) 取出金属熔液时，最好用勺子舀出，尽量少用卡钳，若用卡钳等工具应与坩埚形状相符，避免局部受力过大而缩短其使用寿命。

(7) 坩埚的使用寿命与其用法有关，应避免强氧化火焰直接喷射到坩埚上，而使坩埚原料氧化而缩短使用寿命。

课堂习题

填空题

(1) 坩埚是化学仪器的重要组成部分，当有固体要以大火加热时，就必须使用________，因为它比玻璃器皿更能承受高温。

(2) 坩埚可直接受热，但加热后不能________，否则易使坩埚炸裂。

知识点四　试样的溶解及沉淀操作

一、试样溶解

知识点四
试样的溶解
及沉淀操作

将样品置于烧杯中，沿杯壁加溶剂，盖上表面皿，轻轻摇动，必要时可加热促使其溶解，但温度不可太高，以防溶液溅失。

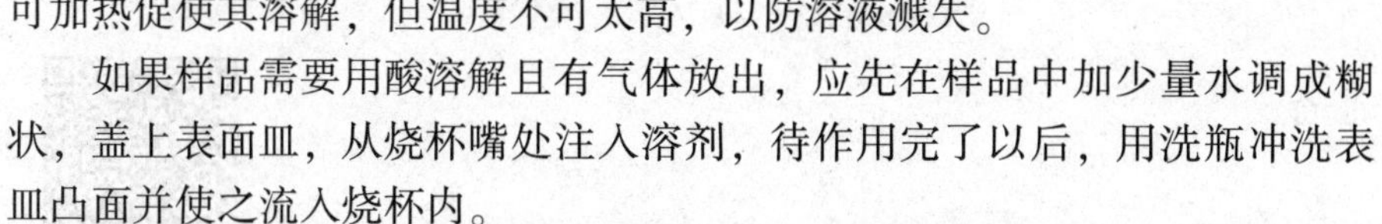

如果样品需要用酸溶解且有气体放出，应先在样品中加少量水调成糊状，盖上表面皿，从烧杯嘴处注入溶剂，待作用完了以后，用洗瓶冲洗表皿凸面并使之流入烧杯内。

样品溶解操作：用适量溶剂溶解样品，轻轻搅动不碰壁。(不研磨，不捣底。)试样溶解后盖表面皿，溶解完后洗凸面(图 2－12)。

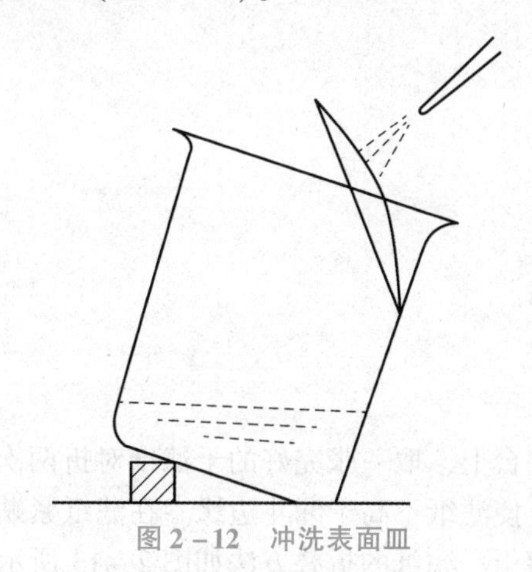

图 2－12　冲洗表面皿

二、样品沉淀

称量分析对沉淀的要求是尽可能完全和纯净，为了达到这个要求，应该按照沉淀的不同类型选择不同的沉淀条件，如沉淀时溶液的体积、温度，加入沉淀剂的浓度、数量、加入速度、搅拌速度、放置时间等。因此，必须按照规定的操作步骤进行。

一般进行沉淀操作时，左手拿滴管，滴加沉淀剂，右手持玻璃棒不断搅动溶液，搅动时玻璃棒不要碰烧杯壁或烧杯底，以免划损烧杯。溶液需要加热时，一般在水浴或电热板上进行，沉淀后应检查沉淀是否完全，检查的方法如下：待沉淀下沉后，在上层澄清液中，沿杯壁加一滴沉淀剂，观察滴落处是否出现浑浊，无浑浊出现表明已沉淀完全，如出现浑浊，需再补加沉淀剂，直至再次检查时上层清液中不再出现浑浊为止，然后盖上表面皿。

课堂习题

填空题

(1) 一般进行沉淀操作时，左手拿________，滴加沉淀剂，右手持________不断搅动溶液，搅动时玻璃棒不要碰烧杯壁或烧杯底，以免划损烧杯。

(2) 沉淀后应检查________是否完全，检查的方法是：待沉淀下沉后，在上层________中，沿杯壁加一滴________，观察滴落处是否出现浑浊，无浑浊出现表明已沉淀完全。

技能点　过滤

技能点　过滤

一、工作准备

1. 仪器

(1) 漏斗。

(2) 滤纸。

(3) 铁架台(带铁圈)。

(4) 烧杯。

2. 样品

硫代硫酸钠溶液。

3. 技能练习要求

硫代硫酸钠溶液的过滤。

二、操作步骤

(1) 将铁圈固定在铁架台上，取一张完好的干滤纸对折两次，一面一层、一面三层打开，放入洗干净的漏斗中，使滤纸不高于漏斗边缘。在滤纸紧贴漏斗的内壁加少量的离子水。折叠滤纸的手要洗净擦干，滤纸的折叠方法如图 2－13 所示。

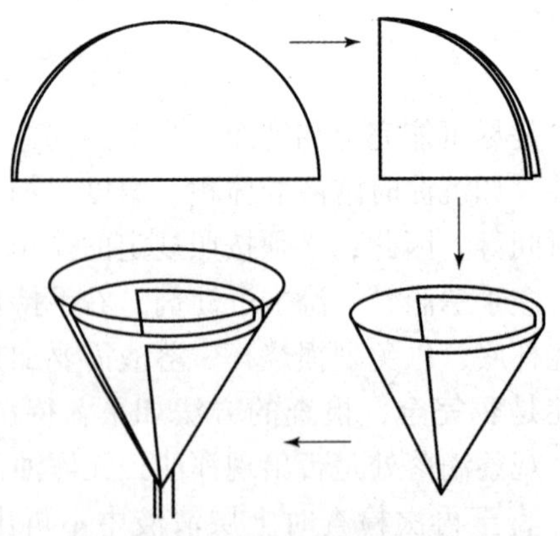

图 2－13　滤纸的折叠方法

先把滤纸对折并按紧一半，然后再对折但不要按紧，把折成圆锥形的滤纸放入漏斗中。滤纸的大小应低于漏斗边缘 0.5～1 cm，若高出漏斗边缘，可剪去一圈。观察折好的滤纸是否能与漏斗内壁紧密贴合，若未贴合紧密，可以适当改变滤纸折叠角度，直至与漏斗贴紧后把第二次的折边折紧。取出圆锥形滤纸，将半边为三层滤纸的外层折角撕下一块，这样可以使内层滤纸紧密贴在漏斗内壁上，撕下来的那一小块滤纸，保留作擦拭烧杯内残留的沉淀用。

（2）把装有滤纸的漏斗放到铁架台上。漏斗下再放一个干净的烧杯，使漏斗的尖嘴靠紧烧杯的内壁。

（3）用玻璃棒的一端靠在滤纸的三层处，帮助引流，如图 2 – 14 所示。将装有要过滤的液体从玻璃棒的另一端，沿着玻璃棒流入漏斗中。漏斗中的液面不高于滤纸边缘。

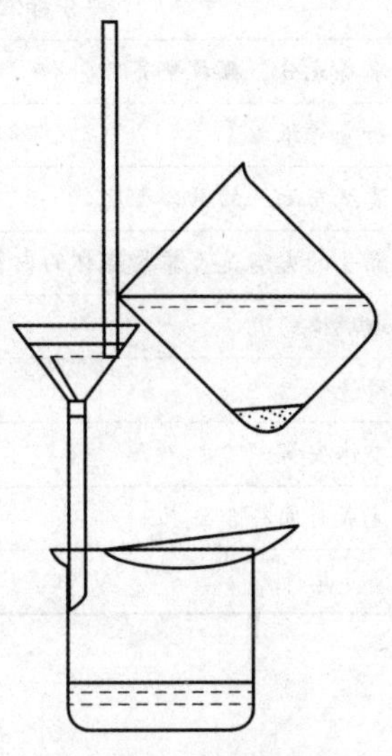

图 2 – 14　用玻璃棒引流

（4）倒完后再加入去离子水将杯壁内的滤渣清洗几次，然后借助玻璃棒倒入漏斗中过滤。等到漏斗的尖嘴不再滴出滤液就完成了。

（5）将用过的烧杯等清洗干净，并擦干净之后放回原来的位置。

三、操作要点

（1）一贴：滤纸紧贴漏斗内壁，可防止滤液从滤纸和漏斗之间的缝隙流出，影响过滤的效果。

（2）二低：滤纸边缘低于漏斗边缘，防止滤纸边缘吸水后变软、变形，导致滤纸破损，影响过滤的效果。漏斗中的液体液面低于滤纸边缘，若滤液高于滤纸边缘会使滤液直接从滤纸与漏斗的空隙中流出，影响过滤效果。

（3）三靠：倾倒液体的烧杯口紧靠玻璃棒。玻璃棒的末端紧靠三层滤纸一边，防止玻璃棒戳破滤纸影响过滤效果。漏斗末端尖嘴紧靠接滤液的烧杯内壁，可防止液体飞溅。

课堂习题

填空题

（1）重量分析的基本操作包括________、沉淀、________、洗涤、________和________等步骤。

（2）过滤时，滤纸紧贴________内壁，可防止________从滤纸和漏斗之间的缝隙流出，影响过滤的效果。

任务考核

过滤操作标准及评分见表 2－20。

表 2－20　过滤操作标准及评分

考核要素	评分要素	配分	评分标准		扣分	得分
基本操作	准备工作	20 分	准备充分，摆放整齐	20 分		
	过滤操作	65 分	折叠滤纸	15 分		
			滤纸与漏斗的贴合程度	15 分		
			漏斗的尖嘴是否靠紧烧杯的内壁	15 分		
			玻璃棒引流	15 分		
			清洗仪器	5 分		
	统筹安排能力、工作态度	15 分	整体安排	10 分		
			完成时间符合要求	5 分		
总计						

任务六　蒸馏和分馏操作

学习目标

（1）查阅试样蒸馏和分馏的相关资料，熟悉蒸馏和分馏的一般原理及分类。

（2）练习减压蒸馏操作，归纳、总结蒸馏操作的一般步骤及要点。

（3）学习如何选择蒸馏或分馏方法，学习正确安装蒸馏或分馏装置。

技能目标

（1）了解蒸馏和分馏的一般原理及分类。

（2）能对不同试样进行蒸馏或分馏操作。

（3）掌握蒸馏、分馏操作的一般程序及要点。

职业素养

（1）引导学生深刻理解中华优秀传统文化中讲仁爱、重民本、守诚信、崇正义、尚和合、求大同的思想精华和时代价值。

（2）形成细致严谨的工作作风，养成吃苦耐劳的品质。

（3）提高节约环保意识，形成 6S 管理理念。

知识点一　蒸馏

一、普通蒸馏

知识点一　蒸馏

(一) 基本原理

蒸馏是将液态物质加热至沸，使之汽化，然后将蒸气冷凝为液体的过程。它是分离、提纯液体有机化合物常用的方法之一。

将液体加热，其饱和蒸气压随温度升高而增大，当增大至与外界压力(通常是大气压力)相等时，液体沸腾，此时的温度称为该液体的沸点。

纯的液态物质在一定压力下具有确定的沸点，因此可通过蒸馏方法来测定物质的沸点和定性检验物质的纯度。但也应注意有些具有固定沸点的液态物质不一定都是纯的物质，因为某些有机化合物常常和其他组分形成具有一定沸点的二元或三元恒沸混合物。例如，95.6%乙醇和4.4%水形成的二元恒沸混合物，具有固定的沸点78.17 ℃(纯乙醇的沸点为78.3 ℃)。

如果蒸馏液态混合物，由于低沸点物质比高沸点物质更易汽化，故沸腾时所生成的蒸气中含有较多的低沸点物质。当蒸气冷凝为液体时(即馏出液)，其组成与蒸气的组成相同，故先蒸出的主要是低沸点组分。随着低沸点组分的蒸出，混合液中高沸点组分的比例增大，致使混合液的沸点也随之升高，当温度升至相对稳定时，再收集馏出液，则主要是高沸点组分。据此，可部分或全部分离液态混合物中的各组分。蒸馏操作就是利用不同物质的沸点差异，对液态混合物进行分离、纯化的。只有各组分的沸点相差30 ℃以上的液态混合物才可获得较好的分离效果。显然，恒沸混合物是不能用蒸馏操作进行分离的。对于各组分沸点差异不大的液态混合物，需要用分馏操作进行分离和纯化。

(二) 蒸馏装置

蒸馏装置由蒸馏烧瓶(或圆底烧瓶和蒸馏头)、温度计、冷凝管(直形或空气冷凝管)、接引管、接收器组成(图2－15)。

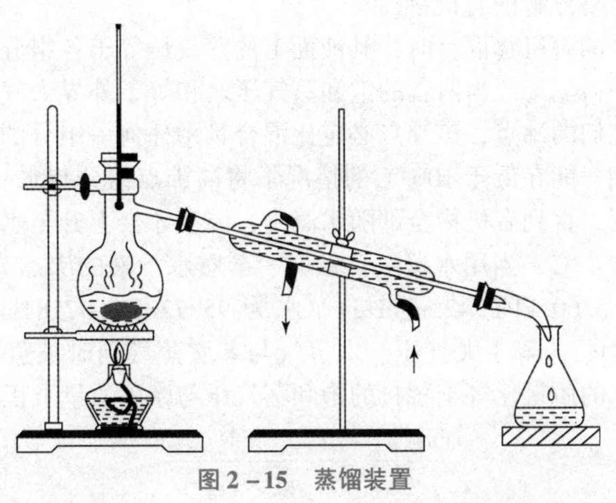

图2－15　蒸馏装置

仪器安装时必须遵守的基本原则：先下后上、先左后右。安装时先放置加热源，然后安装蒸馏烧瓶，插上蒸馏头，再装上温度计，调整温度计的位置，使温度计水银(汞)球的上缘与蒸馏头支管的下缘在同一水平线上(保证蒸馏时水银球能完全被蒸汽包围，以准确测量蒸汽的温度)。安装冷凝管，使冷凝管和蒸馏头支管在同一条轴线上，用铁夹固定冷凝管，铁夹应夹在冷凝管的重心处(冷凝管应进水口向下，出水口向上)，保证管内充满冷却水。铁夹不应太紧或太松，内垫橡皮等软性物质。冷凝管末端连上接液管和接收器，接液管和接收器应与外界大气相通，不能形成密闭体系，否则易发生爆炸。

整套装置应严密、稳固、美观，从正面或侧面看都在同一个平面上。

(三) 蒸馏操作

先在冷凝管中通入冷却水，然后开始加热，当液体开始沸腾后，蒸汽徐徐上升，当蒸汽上升到温度计水银球处时，温度计读数急剧升高。减慢加热速度，注意观察，当接液管有第一滴液体馏出时，记下温度计的读数，就是接收器中馏出液体的沸点。调节加热器的功率，使馏出液的馏出速度稳定在 1 ~ 2 滴/s，保证温度计水银球被蒸汽包围，并有液滴悬挂于水银球底部，使气液两相达到平衡，此时的温度即为馏出液体的沸点。加热过快或过慢都会使温度计读数高于或低于沸点。蒸馏到加热速度不变时，不再有液体馏出，温度计读数突然下降时，停止加热，结束蒸馏。液体量很少时(3 ~ 5 mL)，要及时停止蒸馏，千万不能蒸干，否则易发生爆炸。

(四) 蒸馏结束

蒸馏结束时先停止加热，待液体停止沸腾，没有蒸汽产生时再停止通水。无液体馏出时，拆卸仪器，仪器的拆卸顺序与安装时相反。为防止温度计因骤冷而炸裂，刚拆下的温度计应放在石棉网上。

二、水蒸气蒸馏

(一) 基本原理

在不溶或难溶于水但具有一定挥发性的有机物中通入水蒸气，使有机物在低于 100 ℃的温度下随水蒸气蒸馏出来，这种操作过程称为水蒸气蒸馏。它是分离、提纯有机化合物的重要方法之一，尤其适用于混有大量固体、树脂状或焦油状杂质的有机物，也适用于沸点较高，常压蒸馏时易分解的有机物。

当水与不溶于水的有机物混合时，其液面上的蒸气压等于各组分单独存在时的蒸气压之和，即 $p_{混合物}=p_{水}+p_{有机物}$。当两者的饱和蒸气压之和等于外界大气压时，混合物开始沸腾，这时的温度为它们的沸点，该沸点必定比混合物中任何一组分的沸点都低，因此，常压下应用水蒸气蒸馏，能在低于 100 ℃的情况下将高沸点组分与水一起蒸出来。蒸馏时，混合物沸点保持不变，直到有机物全部随水蒸出，温度才会上升至水的沸点。例如，常压下苯胺的沸点为 184.4 ℃，当用水蒸气蒸馏时，苯胺水溶液的沸点为 98.4 ℃，此时，苯胺的饱和蒸气压为 5.60 kPa(42 mmHg)，水为 95.72 kPa(718 mmHg)，两者之和为 101.32 kPa(760 mmHg)，等于大气压。水蒸气与苯胺蒸气同时被蒸出，在蒸出气体的冷凝液中，有机物与水的质量比等于各自的饱和蒸气压与摩尔质量乘积之比。

$$\frac{m_{有机物}}{m_{水}}=\frac{p^0_{有机物}\times M_{有机物}}{p^0_{水}\times \mathrm{M}_{水}}$$

式中　$m_{有机物}$、$m_{水}$——有机物和水的质量；

$p^0_{有机物}$、$p^0_{水}$——沸腾温度下有机物和水的饱和蒸气压；

$M_{有机物}$、$M_{水}$——有机物和水的摩尔质量。以苯胺水蒸气蒸馏为例，苯胺与水的质量比为

$$\frac{m_{苯胺}}{m_{水}}=\frac{5.6\ \text{kPa}\times 93\ \text{g/mol}}{95.73\ \text{kPa}\times 18\ \text{g/mol}}\approx\frac{1}{3.3}$$

也就是说每蒸出 3.3 g 水可带出 1 g 苯胺，即馏出液中苯胺的质量分数约为 23%。上述关系式只适用于不溶于水的化合物，然而在水中完全不溶的化合物是没有的，因此，这种计算只得到理论上的近似值。由于苯胺微溶于水，故而它在馏出液中实际的含量比理论值低。

（二）水蒸气蒸馏装置

水蒸气蒸馏装置一般由水蒸气发生器和蒸馏装置两部分组成(图 2－16)。

水蒸气发生器通常为铜制容器(也可用圆底烧瓶代替)。安全管下端接近容器底部，在正常操作时，保持水蒸气有一定压力，以便进行水蒸气蒸馏；当水蒸气压力超过安全管内水柱的压力时，水冲出管，泄压，从而保证整个装置的安全。安全管内水柱的高度有指示压力的作用。发生器的侧面装有玻璃水位管以观察容器内水平面，发生器内盛水量以其容量的 2/3 为宜。

蒸馏部分通常由长颈圆底烧瓶和直形冷凝管等组成。长颈圆底烧瓶与桌面呈 45°斜放，以防止蒸馏时飞溅的液沫被水蒸气带出而玷污馏出液。用铁夹夹住烧瓶，烧瓶口装有双孔软木塞，一孔插入水蒸气导管，其外径不小于 7 mm，以保证水蒸气畅通，末端正对着烧瓶底部，距底部 8～10 mm，以利于水蒸气和被蒸馏物质充分接触，并起搅动作用；另一孔插入馏出液导管 E，其外径略粗一些，约为 10 mm，以利于水蒸气和有机物蒸气通畅地进入冷凝管，避免蒸气导出受阻而增加长颈圆底烧瓶中的压力。导管 E 弯成 30°，连接烧瓶的一端应尽可能短一些，插入双孔软木塞后露出约 5 mm；通入冷凝管的一端则允许稍长一些，可起部分冷凝作用。为使馏出液充分冷却，宜采用直形冷凝管，冷却水的流速也宜大一些。

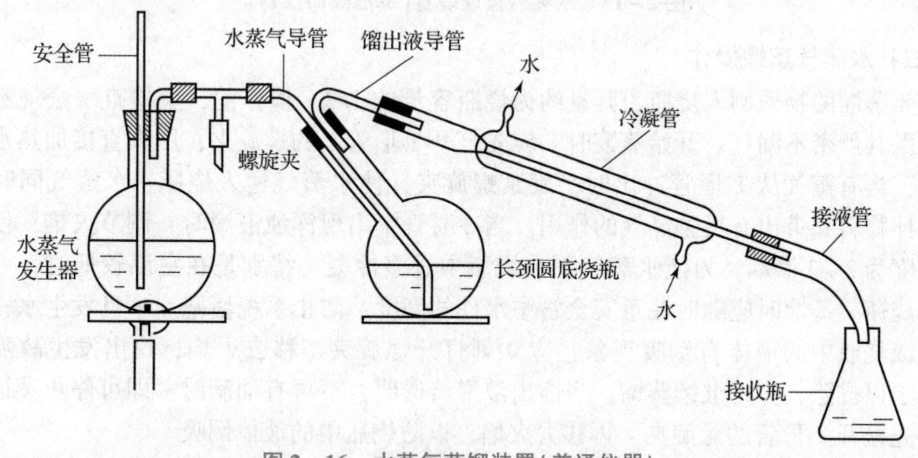

图 2－16　水蒸气蒸馏装置(普通仪器)

A—水蒸气发生器；B—安全管；C—水蒸气导管；D—长颈圆底烧瓶；E—馏出液导管；F—冷凝管

水蒸气发生器的支管与水蒸气导管之间要连一根 T 形管，在其支管上套一段短橡皮管，用螺旋夹夹紧。T 形管可用来除去水蒸气中冷凝下来的水，同时当系统受热、压力升高或发生其他意外时，也可打开螺旋夹，使系统与大气相通。

图 2－17 是使用标准磨口仪器时的水蒸气蒸馏装置图。

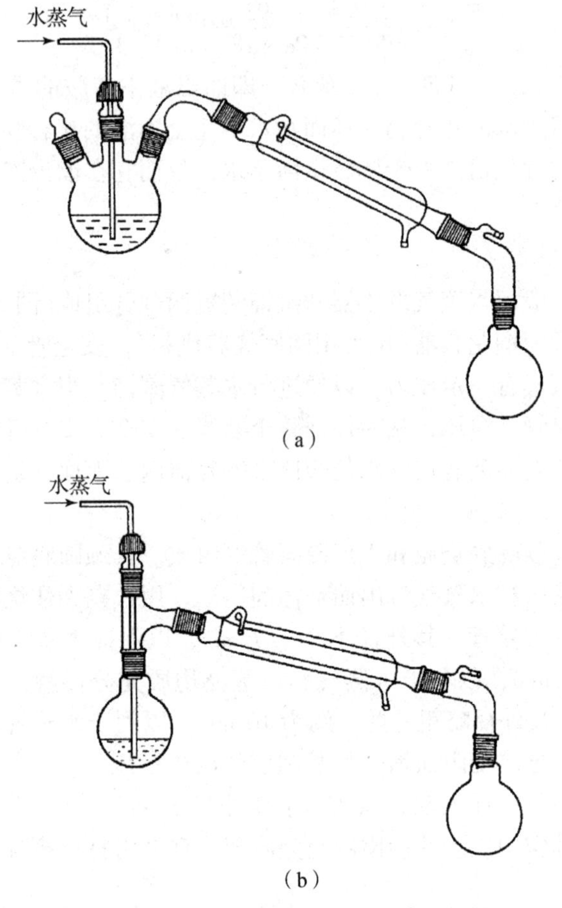

图 2－17　水蒸气蒸馏装置(标准磨口仪器)

(三) 水蒸气蒸馏操作

将要蒸馏的物质倒入烧瓶，其量约为烧瓶容量的 1/3。操作前，应检查水蒸气蒸馏装置，确保其严密不漏气。开始蒸馏时，应先打开 T 形管上的螺旋夹，用火直接加热水蒸气发生器，当有蒸气从 T 形管冲出时，旋紧螺旋夹，使水蒸气通入烧瓶。水蒸气同时起加热、搅拌物料和带出有机物蒸气的作用。当冷凝管中出现浑浊液滴时，调节火焰，使馏出液的速度为 2～3 滴/s。为使水蒸气不在烧瓶中过多冷凝，特别是在室温较低时，可用小火加热烧瓶。蒸馏时应随时注意安全管中水柱的高度，防止系统堵塞。一旦发生水柱不正常上升或烧瓶中的液体有倒吸现象，应立刻打开螺旋夹，移去火焰，找出发生故障的原因，并予以排除，方可继续蒸馏。当馏出液澄清透明，不再有油滴时，即可停止蒸馏。这时，要先松开 T 形管的螺旋夹，再移去火焰，以防烧瓶中的液体倒吸。

如果只需少量水蒸气就可把有机物全部蒸出，可以省去水蒸气发生器，只要将有机物与水一起加入蒸馏瓶内，再加几粒沸石，接通冷凝管的冷却水，在石棉网上用煤气灯加热就可将有机物与水一并蒸馏出来。也可用简易水蒸气蒸馏装置进行水蒸气蒸馏。

三、减压蒸馏

（一）基本原理

液体沸腾时的温度与外界压力有关，且随外界压力的降低而降低。如果用一个真空泵（水泵或油泵）与蒸馏装置相连接成为一个封闭系统，使系统内的压力降低，就可以在较低的温度下进行蒸馏，这就是减压蒸馏，或称真空蒸馏。它是分离、提纯液体或低熔点固体有机物的一种重要方法，特别适用于在常压蒸馏时未到沸点即已受热分解、氧化或聚合的物质。

减压蒸馏时液体在一定压力下的沸点可从手册或文献中查得，也可通过图 2－18 所示的压力－温度经验关系图近似地推算出。例如，已知一个化合物在常压(101.33 kPa，760 mmHg)下的沸点为200 ℃，欲找出减压至2.63 kPa(20 mmHg)时的沸点，可从B 线上找到200 ℃的点，把这一点与压力线 C 上 20 mmHg 的点连成直线，并将其延长至与 A 线相交，交点 90 ℃就是该化合物在压力为2.63 kPa 时的沸点。一般规律是高沸点的有机化合物(沸点为250~300 ℃)，当压力降至3.33 kPa(25 mmHg)时，其沸点随之下降 100~125 ℃；在1.33~3.33 kPa(10~25 mmHg)范围内，压力每降低0.133 kPa(1 mmHg)，则沸点降低约 1 ℃。

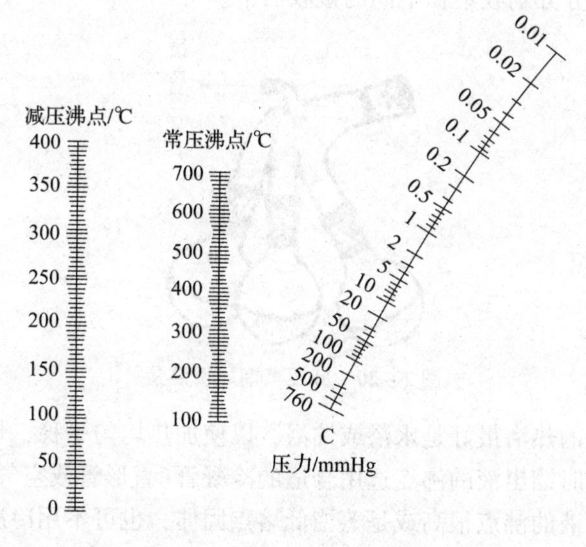

图 2－18　压力－温度关系

（二）减压蒸馏装置

减压蒸馏装置由蒸馏装置、保护和测压装置及抽气减压装置 3 部分组成。下面介绍蒸馏装置及抽气减压装置。

1. 蒸馏装置

蒸馏装置由克氏蒸馏烧瓶(或由圆底烧瓶与克氏蒸馏头相连，本处装置由圆底烧瓶、克莱森接头、蒸馏头组成)、冷凝管、真空接引管、接收器组成，如图 2－19 所示。

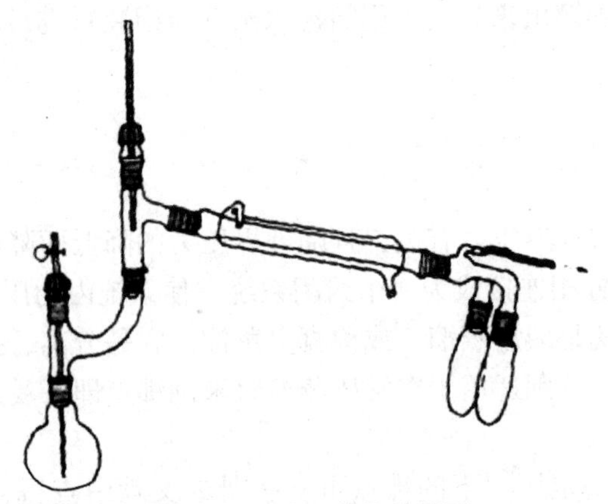

图 2－19　减压蒸馏装置图

克氏蒸馏头带支管的一颈插温度计(温度计位置与普通蒸馏装置相同)；另一颈插入一根毛细管，毛细管的下端离瓶底 1～2 mm，上端接一短橡皮管并装上螺旋夹。在减压抽气时，空气由毛细管进入烧瓶呈微小气泡冒出，作为液体沸腾中心，使沸腾平稳，防止暴沸，同时也起到搅拌作用。

接收器通常用圆底烧瓶(图 2－20)，不能用平底烧瓶或锥形瓶，因为它们不耐压，在减压抽气时会爆炸。蒸馏时，若要收集不同馏分而不中断蒸馏，则可用多头接引管，使用时转动接引管使各馏分分别收集在不同的接收器中。

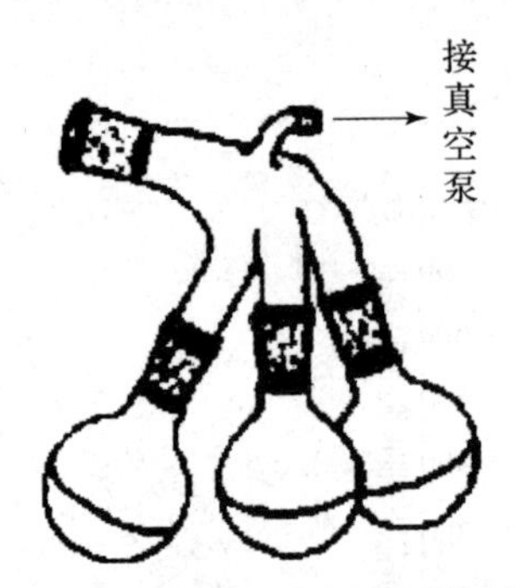

图 2－20　减压蒸馏尾引装置

减压蒸馏所选用的热浴最好是水浴或油浴，以使加热均匀平稳，切勿使用煤气灯直接加热。根据选定压力时馏出液的沸点选用合适的冷凝管(直形管或空气冷凝管)。如果待蒸馏液的量较少而馏出液的沸点很高或是蒸馏低熔点固体，也可不用冷凝管而将克氏蒸馏头支管直接通过真空接引管与接收器相连。如果是高温蒸馏，为减少散热，要用玻璃棉或其他绝热材料将克氏蒸馏头缠绕起来。如果减压下液体沸点低于 140～150 ℃，要用冷水浴冷却接收器。

在整个减压蒸馏装置中都应在磨口接头处涂上薄薄一层真空油脂(或凡士林)以防漏气(不宜涂多，否则会沾污馏出液)。

2. 抽气减压装置

实验室通常用水泵和油泵进行抽气减压。水泵(图 2－21)由玻璃或金属制作，它能使系统压力降低到 2. 00～3. 33 kPa(15～25 mmHg)。为防止水压突然下降造成倒吸而玷污产物，必须在水泵和蒸馏系统之间装上安全瓶。停止使用时，应先打开安全瓶活塞，使系统与大气相通，再关水泵。现在还有一种更方便、实用的循环水真空泵可代替简单的水泵。用水泵减压的蒸馏装置如图 2 – 22 所示。

图 2 – 21　水泵

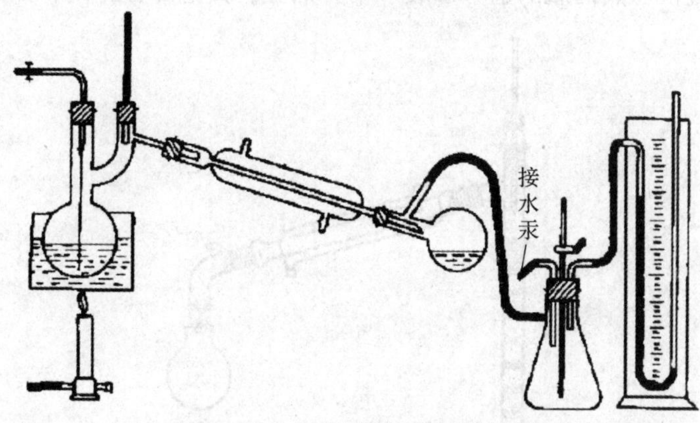

图 2 – 22　用水泵减压的蒸馏装置

课堂习题

填空题

(1) 蒸馏是将________态物质加热至沸，使之________化，然后将________冷凝为________的过程。

(2) 水蒸气蒸馏装置一般由________和________两部分组成。

(3) ________混合物是不能用蒸馏操作进行分离的。

知识点二　分馏

一、基本原理

利用分馏柱(工业上用分馏塔)，使沸点相差较小的液体混合物进行多次部分汽化和冷凝，以分离不同组分的操作过程称为分馏，又称分级蒸馏或精馏。它是分离、提纯沸点相近的液体混合物的常用方法。当今最精密的分馏设备已能分离沸点相差 1～2 ℃的液体混合物。

知识点二　分馏

如果将液态混合物加热至沸，当蒸气进入分馏柱时，蒸气被柱外空气冷却，发生部分冷凝，冷凝液沿分馏柱下降。在下降的冷凝液与上升的蒸气互相接触时，上升的蒸气部分冷凝，放出热量使下降的冷凝液部分汽化，两者间发生了热交换。由于高沸点组分易冷却，低沸点组分易汽化，故上升的蒸气中低沸点组分增加，而下降的冷凝液中高沸点组分增加。如果继续多次热交换，即进行多次气、液平衡，则使低沸点组分不断汽化上升至分馏柱顶部被蒸馏出来，而高沸点组分则不断被冷凝流回烧瓶，于是沸点不同的物质得以分离。与蒸馏一样，分馏操作也不能用来分离恒沸混合物。

二、分馏装置

分馏装置是由圆底烧瓶、分馏柱、冷凝管、接引管和接收器组成的，与蒸馏装置的区别在于，分馏装置仅在蒸馏瓶的上方加装一个分馏柱，其他部分相同，如图 2－23 所示。

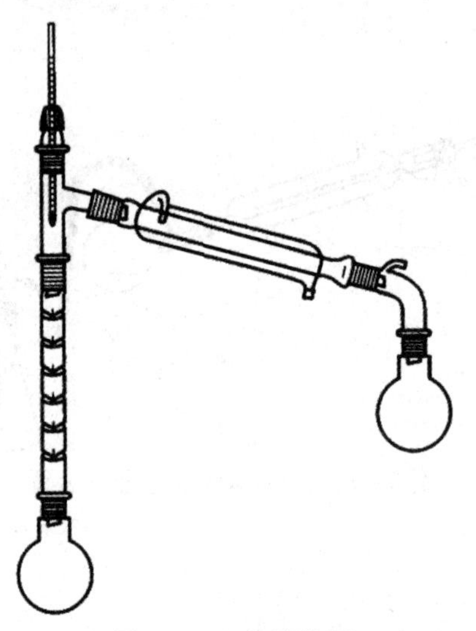

图 2－23　分馏装置

三、分馏操作

分馏操作和蒸馏操作大致相同，将待分馏的化合物放入圆底烧瓶中，加入 2～3 粒沸石，柱外可用石棉绳包住，这样可以减少柱内热量的散发，减少风和室温的影响。选用合适的热源加热，液体沸腾后要注意调节浴温，使蒸气慢慢升入分馏柱，10～15 min 后蒸气到达柱顶(可用手摸柱壁，若烫手表示蒸气已到达该处)。

当冷凝管中有蒸馏液流出时，控制加热速度，使馏出液以 2～3 s/滴的速度蒸出。这样可以达到较好的分馏效果。待低沸点组分蒸完后，再渐渐升高温度。当第二个组分蒸出时沸点会迅速上升。上述情况是假定分馏体系有可能将混合物的组分进行严格的分馏，一般则有相当大的中间馏分(除非沸点相差很大)。

课堂习题

填空题

(1) ________是使沸点相差较________的液体混合物进行多次部分汽化和冷凝，以达到分离不同组分的目的。

(2) 分馏装置与蒸馏装置基本相同，分馏装置是由________、________、冷凝管、接引管和接收器组成，区别在于分馏装置仅在蒸馏瓶的上方加装一个________。

技能点　减压蒸馏

一、工作准备

技能点　减压蒸馏

1. 仪器

(1) 旋转蒸发仪。

(2) 循环水多用真空泵。

2. 样品

薯片石油醚提取液。

3. 技能练习要求

薯片石油醚提取液溶剂的蒸馏。

二、操作步骤

(1) 在圆底蒸馏烧瓶中，加入待蒸馏的液体(不超过蒸馏烧瓶容积的1/2)，安装好减压蒸馏装置。

(2) 打开真空泵，调好真空度。

(3) 接通冷凝水。

(4) 开始加热蒸馏。

(5) 减压蒸馏结束，先移去热源，关闭冷凝水，体系稍冷后慢慢打开毛细管上的螺旋夹，慢慢打开安全管上的双通活塞放气，等体系内外压力平衡后再关闭真空泵。停止通冷却水，逐一拆除仪器并洗净、倒置、晾干。

三、操作要点

(1) 玻璃件应轻拿轻放，洗净烘干。

(2) 加热槽应先注水后通电，不许无水干烧。

(3) 所用磨口旋转蒸发仪安装前需均匀涂少量真空脂。

(4) 贵重溶液应先做模拟试验。确认本旋转蒸发仪适用后再转入正常使用。

(5) 精确水温用温度计直接测量。

(6) 旋转蒸发仪工作结束，关闭开关，拔下电源插头。

任务考核

减压蒸馏操作标准及评分见表2－21。

表2－21　减压蒸馏操作标准及评分

考核要素	评分要素	配分	评分标准		扣分	得分
基本操作	安装蒸馏装置	20分	各部分安装合理	20分		
	蒸馏操作	65分	设置水浴温度	10分		
			打开真空泵	10分		
			打开冷凝水	10分		
			蒸馏结束	10分		
			溶剂回收	10分		
			样品收集	10分		
			仪器的拆卸与清洗	5分		
	统筹安排能力、工作态度	15分	整体安排	10分		
			完成时间符合要求	5分		
总计						

任务七　萃取操作

学习目标

（1）查阅试样萃取的相关资料，熟悉萃取的一般原理及分类。

（2）通过液－液萃取操作练习，归纳、总结萃取操作的一般步骤及要点。

（3）学习不同试样的萃取方法，安装萃取装置。

技能目标

（1）了解萃取的一般原理及分类。

（2）能正确对不同试样选择正确的萃取方法并进行操作。

（3）掌握萃取操作的一般程序及要点。

职业素养

（1）培养发现问题、分析问题、解决问题的思维方式。

（2）提升踏实肯干的劳动意识，践行精益求精的工匠精神。

（3）提升学生在实践中发现问题和创造性解决问题的能力，在动手实践过程中创造有价值的物化劳动成果。

知识点　萃取分离法

溶剂萃取是一种简单、快速、分离效果好，应用相当广泛的分离方法。这种分离方法基于不同的物质在不同的溶剂中分配系数不同这一性质。它在无机分析中主要用于元素的分离和富集，在有机物的分离中，利用“相似相溶”原则进行萃取分离。萃取分离法的缺点是采用手工操作时，工作量较大，而且萃取溶剂常是易挥发、易燃和有毒的，因而本方法的应用受到一定的局限。

知识点
萃取分离法

一、萃取分离法的基本原理

（一）分配系数

物质在水相中和在有机相中有一定的溶解度。当被萃取的物质 A 同时接触到两种互不相溶的溶剂时，如一种是水，另一种是有机溶剂，则此时被萃取溶质 A 就按不同的溶解度分配在两种溶剂中，当达到平衡时，溶质 A 在两相中的平衡浓度$[A]_{有}$和$[A]_{水}$的比值称为分配系数，用 K_D表示。

$$K_D=\frac{[A]_{有}}{[A]_{水}}$$

在一定温度下，同一溶质在确定的两种溶剂中的分配系数是一个常数，这就是分配定律。

对不同的溶质或不同的溶剂，K_D的数值不同。即分配系数与溶质和溶剂的特性、温度等因素有关。分配系数大就是指溶质分配在有机溶剂中的量多，也就是说在有机相中的浓度大，而分配在水中的浓度小。利用这一特性可将该溶质自水相萃取到有机相中，从而达到分离的目的。例如，I_2在 CCl_4和 H_2O 中的分配系数为 85，此值说明可用 CCl_4萃取水相中的 I_2，当溶有 I_2的水相与 CCl_4溶液混合时绝大部分的 I_2进入 CCl_4有机相中，从而使 I_2与水相中的其他杂质分离，这就是溶剂萃取的基本原理。

$$\frac{[I_2]_{CCl_4}}{[I_2]_{H_2O}}=K_D=85$$

（二）分配比

分配系数仅适用于被萃取的溶质在两种溶剂中存在的形式相同的情况。如上例所示，用 CCl_4萃取 I_2，I_2在两相中存在的形式是相同的。若溶质在水相和有机相中有多种存在形式或萃取过程中发生离解、缔合等反应，分配定律就不适用了。为此我们引入分配比的概念。当被萃取溶质 A 在两相中的分配达到平衡后，若将其在有机相中各种存在形式的总浓度用$(c_A)_{有}$表示，而在水相中各种存在形式的总浓度用$(c_A)_{水}$表示，则此时 A 在两种溶剂中总浓度的比值就称为分配比，用符号 D 表示。

$$D=\frac{(c_A)_{有}}{(c_A)_{水}}=\frac{[A_1]_{有}+[A_2]_{有}+\cdots+[A_n]_{有}}{[A_1]_{水}+[A_2]_{水}+\cdots+[A_n]_{水}}$$

所谓分配比大，就是指被萃取的各溶质在有机相中的量多，也就是在有机相中的浓度大，而在水相中的浓度小。

如果溶质在两相中仅存在一种形态，则分配系数 K_D 与分配比 D 相等。

$$K_D = D$$

在实际工作中，常发生副反应，因此 K_D 值和 D 值常常是不一样的。

（三）萃取率

在实际工作中，我们希望了解萃取过程的完全程度，也就是萃取的效率，常用萃取率（E）表示，即

$$E = \frac{\text{物质 A 在有机相中的总含量}}{\text{物质 A 的总含量}} \times 100\%$$

萃取率表示物质萃取到有机相中的比例。溶质 A 的水溶液用有机溶剂萃取，如已知水溶液的体积为 $V_{水}$，有机溶剂的体积为 $V_{有}$，$(c_A)_{有} \cdot V_{有}$ 为溶质 A 在有机相中的总含量；$(c_A)_{水} \cdot V_{水}$ 为溶质 A 在水相中的总含量，则

$$E = \frac{(c_A)_{有} V_{有}}{(c_A)_{有} V_{有} + (c_A)_{水} V_{水}} \times 100\%$$

上式中分子与分母同除以 $(c_A)_{水} V_{有}$，得

$$E = \frac{\dfrac{(c_A)_{有}}{(c_A)_{水}}}{\dfrac{(c_A)_{有}}{(c_A)_{水}} + \dfrac{V_{水}}{V_{有}}} \times 100\%$$

因为

$$D = \frac{(c_A)_{有}}{(c_A)_{水}}$$

所以

$$E = \frac{D}{D + \dfrac{V_{水}}{V_{有}}} \times 100\%$$

由上式可见，萃取率由分配比 D 和体积比决定。即分配比越大，体积比越小，则萃取率越高。设用等体积的溶剂进行萃取，取 $V_{水} = V_{有}$，此时萃取率

$$E = \frac{D}{D+1} \times 100\%$$

若分配比 $D = 1$，则萃取一次的萃取率为 50%。若要求萃取一次后的萃取率大于 90%，则分配比 D 必须大于 9。当分配比不高时，一次萃取不能满足分离或测定的要求，常常采取分次加入溶剂，多次连续萃取的方法来提高萃取率。

（四）分离因数

为了达到分离目的，不但萃取率要高，而且还要考虑共存组分间的分离效果要好。分离效果一般用分离因数 β 来反映。β 是两种不同组分 A 和 B 分配比的比值：

$$\beta = \frac{D_A}{D_B}$$

上式表明，D_A和D_B相差越大，分离效率越高。

二、无机物的萃取分离

无机物中，只有少数共价分子，如 HgI_2、$HgCl_2$、$GeCl_2$、$AlCl_3$、SbI_3等，可以直接用有机溶剂萃取，大多数无机物在水溶液中离解成离子，并与水分子结合成水合离子，难于用与水不混溶的非极性或弱极性的有机溶剂萃取。为了进行萃取分离，必须在水中加入某种试剂使被萃取物质与试剂结合成不带电荷的、难溶于水而易溶于有机溶剂的分子，这种试剂称为萃取剂。被萃取物质与萃取剂形成的化合物称为可萃取络合物。

根据萃取反应的类型，萃取体系可分为螯合物、离子缔合物、溶剂化合物、无机共价化合物等。下面简单介绍前两类。

（一）螯合物

螯合物广泛用于金属离子的萃取，如铜试剂(二乙基二硫代氨基甲酸钠，DDTC 钠盐)能与数十种金属离子螯合形成有色化合物。它与 Cu^{2+} 的反应如下：

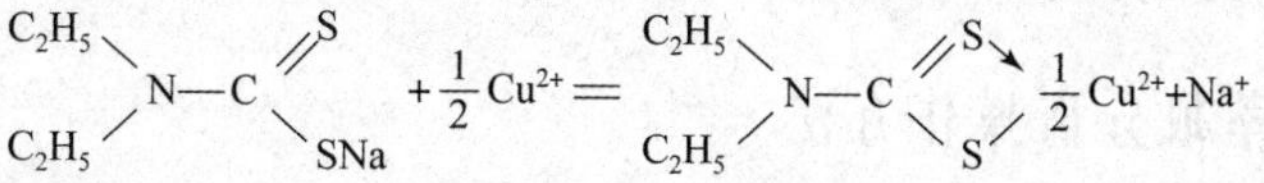

$$(C_2H_5)_2N{-}C(=S){-}SNa + \frac{1}{2}Cu^{2+} = (C_2H_5)_2N{-}C(=S)(S) \rightarrow \frac{1}{2}Cu^{2+} + Na^{+}$$

又如，8－羟基喹啉可与 Pd^{2+}、Fe^{3+}、Ga^{3+}、Co^{2+}、Zn^{2+}等形成螯合物，如 8－羟基喹啉与铝形成的螯合物：

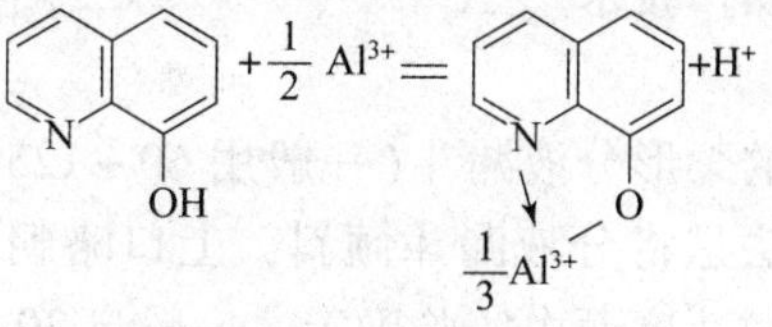

$$\text{8-羟基喹啉(N, OH)} + \frac{1}{2}Al^{3+} = \text{(N}\rightarrow\frac{1}{3}Al^{3+}\text{, O—)} + H^{+}$$

生成的螯合物难溶于水，可用有机溶剂氯仿萃取。

再如，双硫腙微溶于水，能与 Ag^{+}、Bi^{3+}、Cd^{2+}、Hg^{2+}、Cu^{2+}等螯合形成螯合物：

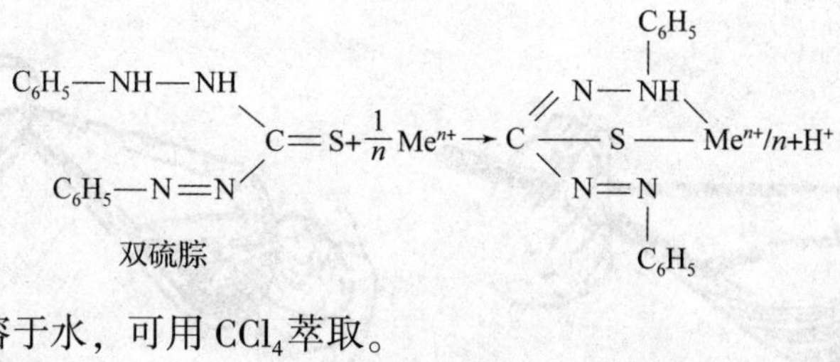

$$\begin{matrix} C_6H_5{-}NH{-}NH \\ C_6H_5{-}N{=}N \end{matrix}\!\!>C{=}S + \frac{1}{n}Me^{n+} \rightarrow C\begin{matrix} {=}N{-}NH(C_6H_5) \\ {-}S \\ {-}N{=}N(C_6H_5) \end{matrix} — Me^{n+}/n + H^{+}$$

双硫腙

所生成的螯合物难溶于水，可用 CCl_4 萃取。

对于不同的金属离子，由于所生成螯合物的稳定性不同，螯合物在两相中的分配系数也不同，因而选择和控制适当的萃取条件，包括萃取剂的种类、溶液的酸度等，可使不同的金属离子通过萃取得以分离。

（二）离子缔合物

形成离子缔合物的萃取机理是比较复杂的。离子缔合物是指所形成的金属配离子以静电引力与其他异电性离子相吸引，而形成不带电的缔合物，这种缔合物可溶于有机溶剂中而被萃取。

例如，Cu^{+}与2,9－二甲基－1,10－二氮菲(新亚铜试剂)的螯合物带正电荷，能与Cl^{-}生成可被$CHCl_3$萃取的离子缔合物$[CuL_2]Cl$。

三、有机物的萃取分离

应用相似相溶的原则，选择适当的溶剂和萃取条件，可以从混合物中萃取某些组分，达到分离的目的。一般来说，极性有机化合物，包括形成氢键的有机化合物及其盐类，通常溶于水而不溶于非极性或弱极性的有机溶剂；非极性或弱极性的有机化合物不溶于水，但可溶于非极性和弱极性的溶剂，如苯、四氯化碳、氯仿等。

选用适当的溶剂和条件，可以达到萃取分离的目的。如欲测定焦油废水中的酚含量，可先将水样调节到pH为12，用CCl_4萃取分离油分；然后再调节pH至5，以CCl_4萃取酚。

对于有机酸或有机碱，常常可以通过控制酸度，使它们以分子或离子的形态存在，改变在有机溶剂和水中的溶解性能，再进行萃取分离。例如，羧酸和酚，控制pH≈7时，羧酸电离成阴离子，酚仍以分子状态存在，用乙醚萃取，羧酸形成钠盐留在水相，酚被萃取进入乙醚层，从而实现分离。

四、液－液萃取分离操作方法

常用的萃取方法可分为单级萃取法(间歇萃取法)和多级萃取法。多级萃取法按两相接触的方式不同又可分为错流萃取法(连续萃取法)和逆流萃取法，后者需要专门的仪器装置。下面介绍间歇萃取法的操作技术。

1. 萃取

选比溶液总体积大1倍的梨形分液漏斗(一般用60～125 mL容积的即可)，加入被萃取溶液和萃取剂，振荡。方法是将分液漏斗倾斜，上口略朝下，如图2－24(a)所示。振荡时间视化学反应速度和扩散速度而由实验确定，一般自30 s到数分钟。

在萃取过程中需放气数次。放气的方法是仍保持分液漏斗倾斜，旋开旋塞，放出蒸气或产生的气体，使内外压力平衡，如图2－24(b)所示。

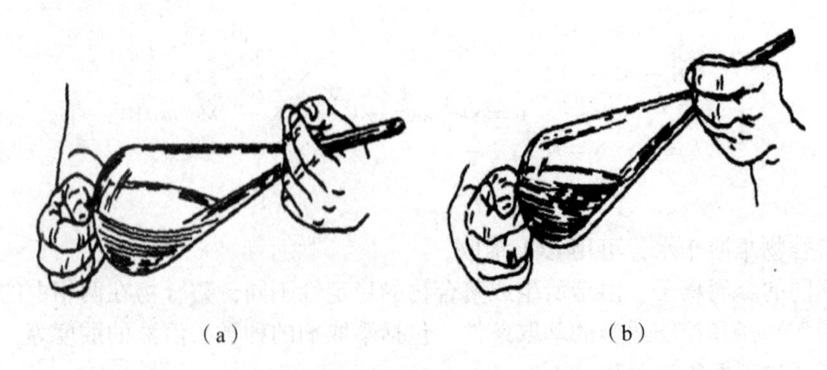

图2－24　分液漏斗的振摇及放气

(a)振摇；(b)放气

2. 分层

在振摇萃取之后，需将溶液静置，使两相分为清晰的两层，一般需10 min左右，难分层者需更长时间。若产生乳化现象影响分层，可试用以下方法解决：

（1）较长时间静置。

（2）振荡不要过于激烈，放置后轻轻旋摇，加速分层。

（3）如因溶剂部分互溶发生乳化，可加入少量电解质（如氯化钠）利用盐析作用破坏乳化。加入电解质也可改善因两相密度差小而发生的乳化。

（4）还可通过加入乙醇、改变溶液酸度等方法消除乳化。

3. 分离和洗涤

分层后经旋塞放出下层液体，从上口倒出上层液体。分开两相时不应使被测组分损失。根据需要，重复进行萃取或洗涤萃取液。

五、固体试样的萃取方法

溶剂萃取主要是液－液萃取，但在某些情况下，需要用溶剂从固体样品中萃取出所需的待测成分，这时称为液－固萃取。液－固萃取在分析样品前处理中也称提取，可以在超声波清洗机中借助于超声波的能量进行提取，也可用索氏抽提器（又称脂肪提取器）提取，图2－25是索氏抽提器。

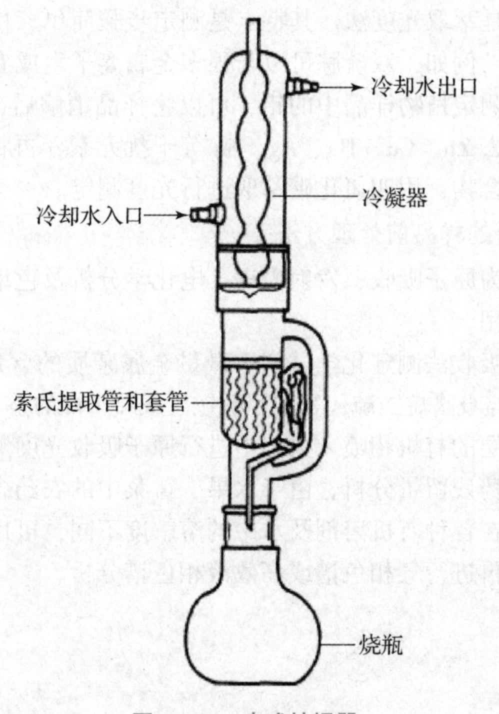

图2－25　索式抽提器

索氏抽提器的工作原理是通过溶剂加热回流及虹吸作用，使固体物质每次都为新鲜溶剂所萃取。此法属于连续萃取操作，其萃取效率高。操作方法如下：

（1）制作滤纸筒。将滤纸卷成圆柱状，直径略小于萃取筒的直径，下端用线扎紧，将研细的固体装入筒内，轻轻压实，上面盖一小圆形滤纸片或塞少量脱脂棉，放入萃取筒内。

(2) 向烧瓶中加入溶剂，装上冷凝管，接通冷却水(下端进冷水)，加热烧瓶使溶剂沸腾(易燃溶剂不可用明火)，保持沸腾。溶剂蒸气经冷凝管冷凝成液体，进入萃取管中，当液面超过虹吸管顶端时，萃取液自动流入加热烧瓶中，再次蒸发。如此循环，直至试样中的被萃取物进入溶液为止。此过程一般需 2~5 h。

六、溶剂萃取的应用

溶剂萃取分离法在分析化学中的应用比较广泛，主要有以下几个方面。

(一) 分离干扰物质

例如，测定钢铁中微量稀土元素的含量时，通过溶剂萃取将主体元素铁及经常可能存在的其他元素，如铬、锰、钴、镍、铜、钒、铌、钼等除去。方法是把试样溶解后，在微酸性溶液中加入铜铁试剂为萃取剂，以氯仿或四氯化碳将这些元素萃取入有机相，分离除去。留在水相中的稀土元素用偶氮胂显色，进行光度测定。

(二) 用于萃取光度分析

萃取光度分析是将萃取分离和光度分析结合进行的方法。不少萃取剂同时也是一种显色剂，萃取剂与被萃取离子间的络合或缔合反应实质上也就是显色反应。取萃取的有机相直接进行光度测定，就是萃取光度法。其特点是测定步骤简单、快速，可改善方法的选择性，提高测定的灵敏度。例如，双硫腙可以与很多金属离子生成有色的螯合物，可被氯仿或四氯化碳萃取。如欲测定植物样品中的铅，可以将样品消解后，调节 pH 至 2~3，用双硫腙的氯仿溶液萃取除去 Zn、Cu、Hg、Ag、Sn 等干扰元素，再将溶液 pH 调至 8~9，铅和双硫腙生成粉红色螯合物，用四氯化碳萃取进行光度测定。

(三) 作为仪器分析的样品前处理方法

溶剂萃取分离法作为原子吸收、发射光谱、电化学分析及色谱分析等方法的分离、富集手段得到了广泛的应用。

例如，用火焰原子吸收法测定化学试剂中微量金属杂质的含量，可以将溶液的 pH 调至3~6，铅、镉等离子与吡咯烷二硫代氨基甲酸铵生成疏水性的螯合物，以4-甲基-2-戊酮萃取，可以直接将上层的有机相喷入火焰中进行原子吸收光度测定。

水果、蔬菜中的农药残留量分析，由于水果、蔬菜中的农药含量很低，一般需要富集后才能测定。利用农药在各种有机溶剂及水中的溶解度不同，可用氯仿或己烷等有机溶剂萃取、浓缩后，经净化再进行气相色谱或高效液相色谱分析。

课堂习题

填空题

(1) 分配比大，就是指被萃取的各溶质在________中的量多，也就是在________中的浓度大，而在________中的浓度小。

(2) 有机物的萃取分离应用的是________原则。

技能点　液－液萃取分离操作方法

技能点　液－液萃取分离操作方法

一、工作准备

1. 仪器

（1）梨形分液漏斗。

（2）漏斗架。

2. 样品

石油醚提取油脂样品。

3. 技能练习要求

梨形分液漏斗的萃取分离实验。

二、操作步骤

（1）检验分液漏斗是否漏水。

（2）先装入溶液，再加入萃取剂，振荡。

（3）将分液漏斗放在铁圈上静置，使其分层。

（4）打开分液漏斗活塞，再打开旋塞，使下层液体从分液漏斗下端放出，待油水界面与旋塞上口相切即可关闭旋塞。

（5）把上层液体从分液漏斗上口倒出。

三、操作要点

（1）在萃取过程中需放气数次。

（2）放气的时候保持分液漏斗倾斜，旋开旋塞，放出蒸气或产生的气体，使内外压力平衡。

（3）振荡不要过于激烈，以免产生乳化现象。

（4）从上口倒出上层液体，下口放出下层液体。

课堂习题

填空题

（1）离子缔合物是指所形成的金属配离子以静电引力与其他异电性离子相吸引，而形成不带电的缔合物，这种缔合物可溶于________中而被萃取。

（2）在萃取过程中需________数次。

（3）萃取操作结束时，从________倒出上层液体，________放出下层液体。

任务考核

液－液萃取分离操作标准及评分见表 2－22。

表 2－22　液－液萃取分离操作标准及评分

考核要素	评分要素	配分	评分标准		扣分	得分
基本操作	安装蒸馏装置	20 分	各部分安装合理	20 分		
	萃取操作	65 分	检验分液漏斗是否漏水	10 分		
			装入溶液	10 分		
			加入萃取剂，振荡	15 分		
			静置分层	10 分		
			放出下层液体	10 分		
			倒出上层液体	10 分		
	统筹安排能力、工作态度	15 分	整体安排	10 分		
			完成时间符合要求	5 分		
总计						

项目三　检验用试剂及溶液的配制

任务一　配制检验中常用指示剂及试剂

学习目标

（1）查阅试剂及指示剂配制的相关资料，熟悉溶液配制的方法。

（2）学习1%酚酞和75%乙醇溶液的配制方法，掌握检验中用到的其他指示剂和溶液的配制方法。

（3）练习配制一定体积的溶液。

技能目标

（1）熟悉溶液配制的方法。

（2）掌握检验中常用指示剂的配制方法。

（3）掌握检验中常用溶液的配制方法。

（4）掌握制作溶液标签的方法。

职业素养

（1）养成解读标准的职业习惯，树立标准意识。

（2）提升“敢闯会创”的创新精神、善于解决问题的实践能力。

（3）懂得自觉遵守安全操作规程。

技能点一　检验中常用指示剂的配制

指示剂是化学试剂中的一类。在一定介质条件下，其颜色能发生变化、能产生浑浊或沉淀，以及有荧光现象等。常用它检验溶液的酸碱性；滴定分析中用它来指示滴定终点；环境检测中用它检验有害物。指示剂一般分为酸碱指示剂、氧化还原指示剂、金属指示剂、吸附指示剂等。

1. 酸碱指示剂

技能点一
检验中常用
指示剂的配制

酸碱指示剂是指用于酸碱滴定的指示剂，是一类结构较复杂的有机弱酸或有机弱碱，它们在溶液中能部分电离成指示剂的离子和氢离子(或氢氧根离子)，并且由于结构上的变化，它们的分子和离子具有不同的颜色，因而在 pH 不同的溶液中呈现不同的颜色。在多种指示剂中，选择指示剂的依据是：要选择一种变色范围恰好在滴定曲线的突跃范围之内，或者至少要占滴定曲线突跃范围一部分的指示剂。这样当滴定正好在滴定曲线突跃范围之内结束时，其最大误差不超过0.1%。在实际中，影响酸碱指示剂变色范围的因素主要有两方面：一方面是影响指示剂常数 K_{HIn} 的因素，包括温度、溶剂、溶液的离子强度等，其中温度的影响较大。另一方面是影响变色范围宽度的因素，如指示剂用量、滴定程序等。

2. 金属指示剂

络合滴定法所用的指示剂，大多是染料，它在一定 pH 下能与金属离子络合呈现一种与游离指示剂完全不同的颜色而指示终点，这种指示剂称为金属指示剂。

3. 氧化还原指示剂

该指示剂为氧化剂或还原剂，它的氧化型与还原型具有不同的颜色，在滴定中被氧化(或还原)时，即变色，指示出溶液电位的变化。

4. 沉淀滴定指示剂

该指示剂主要用于 Ag^+ 与卤素离子的滴定，以铬酸钾、铁铵矾或荧光黄作指示剂。

Ⅰ 1%酚酞指示剂的配制

一、工作准备

1. 试剂

(1) 酚酞(分析纯试剂)。

(2) 95%乙醇(分析纯试剂)。

2. 仪器

(1) 托盘天平(感量0.1 g)。

(2) 烧杯。

(3) 玻璃棒。

(4) 量筒：100 mL。

(5) 滴瓶：100 mL(或试剂瓶)。

3. 参考标准

《化学试剂　试验方法中所用制剂及制品的制备》(GB/T 603—2002)。

二、操作步骤

(1) 称取1 g 酚酞试剂，置于烧杯中。

(2) 用量筒量取100 mL 95%乙醇，倒入烧杯中，用玻璃棒搅拌至酚酞溶解。

（3）将其转至滴瓶（或试剂瓶）中。

（4）制作标签。

Ⅱ　溴甲酚绿－甲基红指示剂（3：1）的配制

一、工作准备

1. 试剂

（1）甲基红（分析纯试剂）。

（2）溴甲酚绿（分析纯试剂）。

（3）95%乙醇（分析纯试剂）。

2. 仪器

（1）托盘天平（感量 0.1 g）。

（2）烧杯。

（3）玻璃棒。

（4）量筒：100 mL。

（5）滴瓶（或试剂瓶）：100 mL。

3. 参考标准

《化学试剂　试验方法中所用制剂及制品的制备》（GB/T 603—2002）。

二、操作步骤

（1）配制 0.1%溴甲酚绿指示剂：称取 0.1 g 溴甲酚绿试剂，置于烧杯中。用量筒量取 100 mL 95%乙醇，倒入烧杯中，用玻璃棒搅拌至溴甲酚绿溶解。将其转至滴瓶（或试剂瓶）中。

（2）配制 0.2%甲基红指示剂：称取 0.2 g 甲基红试剂，置于烧杯中。用量筒量取 100 mL 95%乙醇，倒入烧杯中，用玻璃棒搅拌至甲基红溶解。将其转至滴瓶（或试剂瓶）中。

（3）分别制作标签。

（4）用量筒量取 30 mL 0.1%溴甲酚绿指示剂和 10 mL 0.2%甲基红指示剂，混匀即得溴甲酚绿－甲基红指示剂（3：1）。将其转移至滴瓶（或试剂瓶），制作标签。

Ⅲ　10 g/L 淀粉指示剂的配制

一、工作准备

1. 试剂

（1）可溶性淀粉（分析纯试剂）。

（2）蒸馏水：三级水。

2. 仪器

（1）托盘天平（感量 0.1 g）。

（2）烧杯。

（3）玻璃棒。

（4）量筒：100 mL。

（5）滴瓶（或试剂瓶）：100 mL。

（6）电炉。

3. 参考标准

《化学试剂　试验方法中所用制剂及制品的制备》（GB/T 603—2002）。

二、操作步骤

（1）称取 1 g 可溶性淀粉试剂，置于烧杯中。

（2）用量筒量取 100 mL 蒸馏水，倒入上述烧杯中 5 mL，用玻璃棒搅拌成糊状溶液。

（3）另取一个烧杯，内装 90 mL 蒸馏水，煮沸。

（4）将糊状溶液边搅拌边转移至煮沸的蒸馏水中，煮沸 1 ~ 2 min，冷却。

（5）将上述溶液转移至容量瓶并用蒸馏水定容至 100 mL，转移至滴瓶（或试剂瓶）。

（6）制作标签。

三、标签

化学实验室试剂标签需参照以下基本规则：

1. 试剂标签信息

试剂标签需标明试剂品名、浓度、配制日期、配制依据、有效期、配制人、复核人、浓度因数、标定温度等信息。

2. 试剂标签的颜色

试剂标签应从颜色上即可区分出标准溶液、普通溶液、指示剂、缓冲溶液、有毒试剂以及临用现配的溶液。

3. 纸张的使用

标签背面可采用不干胶，正面采用易书写的纸张，设计为试剂瓶、滴瓶使用等不同版面。

4. 标准溶液与普通溶液试剂标签

标准溶液与普通溶液试剂标签格式略有不同，普通溶液标签见例一，标准溶液标签见例二。

例一：

溶液名称			
浓度			
介质		配制者	
配制日期			

例二：

溶液名称		浓度
介质		配制依据
配制人	标定人	复核人
配制日期		有效期

四、注意事项

(1) 酚酞指示剂的变色范围为 pH 8.3～10.0，颜色是由无色变为红色或粉红色。

(2) 溴甲酚绿－甲基红指示剂是溴甲酚绿和甲基红混合而成的一种变色范围更窄的指示剂，常用于盐酸标准溶液的标定。pH 5.0 以下为暗红色，pH 5.1 为灰绿色，pH 5.2 以上为绿色。密封后在阴凉干燥处避光保存。

(3) 淀粉指示剂使用期为两周。

课堂习题

一、填空题

(1) 配制酚酞指示剂选用的溶剂是________。

(2) “指示剂的用量越多，突跃范围越大，滴定误差越小。”这一说法________。

(3) 指示剂的选择原则是________。

(4) 最理想的指示剂应是恰好在________时变色的指示剂。

(5) 酸碱指示剂的变色范围为________，指示剂的变色范围应________落在滴定的________之内。

(6) 指示剂的变色范围中，酚酞为 pH ________，甲基红为 pH ________，中性红为 pH ________，甲基橙为 pH ________。

(7) 将甲基橙指示剂加到无色水溶液中，溶液呈黄色，该溶液的酸碱性为________(中性、酸性、碱性或不能确定)。

(8) 酚酞指示剂在酸性溶液中呈无色，当溶液由酸性变为碱性时，变为红色，在浓碱中变成________。(黄色、红色、蓝色、无色)

(9) 用基准无水碳酸钠标定 0.100 mol/L 盐酸，宜选用________作指示剂。

二、简答题

(1) 对酚酞不显颜色的溶液一定是酸性溶液吗？请分析。

(2) 酸碱滴定中，指示剂用量对分析结果有什么影响？

任务考核

配制 100 mL 1% 酚酞指示剂操作标准及评分见表 3－1。

表 3－1　配制 100 mL 1%酚酞指示剂操作标准及评分

考核要素	评分要素	配分	评分标准		扣分	得分
基本操作	准备	30 分	物品摆放	10 分		
			仪器清洗	10 分		
			试剂	10 分		
	配制	40 分	称量	10 分		
			溶解	20 分		
			转移	10 分		
	标签的制作	10 分	是否正确	10 分		
文明操作	实验结果	5 分	使用完毕器皿的清洗	5 分		
	统筹安排能力、工作态度	15 分	清理实验台，仪器、药品摆放整齐	10 分		
			完成时间符合要求	5 分		
总计						

技能点二　检验中常用试剂的配制

技能点二　检验中常用试剂的配制

分析实验室中所用的试剂及溶液的品种繁多，有定性分析用的阴、阳离子试液，大量的酸、碱、盐溶液和有机试剂等。正确地配制和保存这些溶液，是做好实验的基本保证。配制及保存溶液要遵循以下原则。

（1）配制溶液时，要牢固地树立“量”的概念，要根据溶液浓度的准确度要求，合理地选择称量用的天平（台秤或分析天平）及量取溶液的量器（量筒或移液管），确定记录数据应保留几位有效数字，配好的溶液应妥善储存。

（2）定性分析用的阴、阳离子试液，一般先配成储备液（100 g/L），使用时将其稀释 10 倍成使用液（10 g/L）。

（3）易侵蚀或腐蚀玻璃的溶液，如含氟的盐类及氢氧化钠等应保存在聚乙烯瓶中。

（4）易挥发、易分解的溶液，如 $KMnO_4$、I_2、$Na_2S_2O_3$、$AgNO_3$、$NaBiO_3$、$TiCl_3$、溴水、氨水，以及 CCl_4、$CHCl_3$、丙酮、乙醚、乙醇等有机溶剂应存放在棕色瓶中，密封好放在阴凉避光处保存。

（5）有些易水解的盐类，配制成溶液时，需先加入适量的酸（或碱），再用水或稀酸（或碱）稀释。有些易氧化或还原的试剂及易分解的试剂，常在使用前临时配制，或采取措施防止其氧化或分解。

（6）配好的溶液存放于试剂瓶中，大量的应储存于塑料桶内，并立即贴上标签，注明试液名称、浓度及配制日期。

按照《分析实验室用水规格和试验方法》（GB/T 6682—2008）要求，分析实验室用水分为 3 个级别：一级水用于有严格要求的分析检验（如高效液相色谱分析用水）；二级水用于无机痕量分析等实验（如原子吸收光谱分析用水）；三级水用于一般化学分析实验。

Ⅰ　95%乙醇溶液的配制

一、工作准备

1. 试剂

(1) 无水乙醇(分析纯试剂)。

(2) 蒸馏水：三级水。

2. 仪器

(1) 量筒：100 mL。

(2) 试剂瓶。

(3) 玻璃棒。

二、操作步骤

(1) 计算配制 100 mL 95% 乙醇溶液需要无水乙醇的量。公式：$c_1 \times V_1 = c_2 \times V_2$。

(2) 用量筒量取 95 mL 无水乙醇。

(3) 加蒸馏水定容至 100 mL。

(4) 混合均匀后，转移至试剂瓶。

(5) 制作标签并贴于试剂瓶上。

三、注意事项

(1) 配制后的乙醇应密封保存，放置在阴凉避光处。

(2) 配制好的乙醇应在 1 周内使用完，以免放置时间太长，乙醇挥发，乙醇浓度降低，影响使用效果。

Ⅱ　0.9%生理盐水的配制

一、工作准备

1. 试剂

(1) 氯化钠(分析纯试剂)。

(2) 蒸馏水：三级水。

2. 仪器

(1) 托盘天平(感量 0.1 g)。

(2) 烧杯。

(3) 玻璃棒。

(4) 量筒：1 000 mL。

(5) 试剂瓶：1 000 mL。

二、操作步骤

(1) 称取氯化钠9 g，放入烧杯中。

(2) 用量筒量取1 000 mL蒸馏水，倒入上述烧杯中少量蒸馏水，搅拌溶解。将剩余蒸馏水全部倒入烧杯中，搅拌均匀。

(3) 将上述溶液转移至试剂瓶，制作标签并贴于试剂瓶上。

三、注意事项

(1) 用途不同时，生理盐水的浓度及成分不同。

(2) 生理盐水一般应在实验前配制，且不宜放置过久，以免发生污染或某些成分发生化学变化而影响实验结果，或者先将溶液的各种成分分别配制成一定浓度的基础溶液备用，用时按比例取基础液配制。

Ⅲ 盐酸(1∶1)溶液的配制

1∶1是体积比浓度，是指1体积的浓盐酸与1体积的水混合而配制成的溶液。

一、工作准备

1. 试剂

(1) 浓盐酸(分析纯试剂)：36%~38%。

(2) 蒸馏水：三级水。

2. 仪器

(1) 量筒：100 mL。

(2) 烧杯。

(3) 玻璃棒。

(4) 试剂瓶：100 mL。

二、操作步骤

(1) 用量筒量取50 mL蒸馏水，置于烧杯中。

(2) 用另一个量筒量取50 mL浓盐酸，倒入上述烧杯中，边加边用玻璃棒搅拌均匀。

(3) 将上述溶液转移至试剂瓶中，制作标签并贴于试剂瓶上。

三、注意事项

由于盐酸除自身具有的腐蚀性外，还属于易挥发物质，它所挥发出的氯化氢气体属于二级(高度危害)物质，故操作时要做好相应的防护并在机械通风下完成操作。

课堂习题

一、填空题

(1) 配制 50 mL 3 mol/L H_2SO_4溶液需取浓 H_2SO_4 的量是________mL，选择的量具是________mL 容积的________，配制容器是 50 mL 的________。

(2) 实验室中配制 250 mL 0.20 mol/L NaOH 溶液时，必须使用到的玻璃仪器是________。(试管、锥形瓶、容量瓶、分液漏斗)

(3) 300 mL 某浓度的 NaOH 溶液中含有 60 g 溶质，现欲配制 1 mol/L NaOH 溶液，应取原溶液与蒸馏水的体积比约为________。

(4) 在配制过程中，其他操作都准确，下列操作中有错误的是________能引起误差偏高的有________(填代号)。

①洗涤量取浓 H_2SO_4后的量筒，并将洗涤液转移到容量瓶中。

②未等稀释后的 H_2SO_4溶液冷却至室温就转移到容量瓶中。

③将浓 H_2SO_4直接倒入烧杯，再向烧杯中注入蒸馏水稀释浓 H_2SO_4。

④定容时，加蒸馏水超过标线，又用胶头滴管吸出。

⑤转移前，容量瓶中含有少量蒸馏水。

⑥定容摇匀后，发现液面低于标线，又用胶头滴管加蒸馏水至标线。

⑦定容时，俯视标线。

二、选择题

(1) 将固体溶质在小烧杯中溶解，必要时可加热。溶解后溶液转移到容量瓶中时，操作中错误的是________。

A. 趁热转移

B. 使玻璃棒下端和容量瓶颈内壁相接触，但不能和瓶口接触

C. 缓缓使溶液沿玻璃棒和颈内壁全部流入容量瓶内

D. 用洗瓶小心冲洗玻璃棒和烧杯内壁 2~3 次，并将洗涤液一并移至容量瓶内

(2) 在配制溶液的实验中，洗干净的玻璃仪器中，使用时必须用待装的标准溶液或试液润洗的是________。

A. 量筒　　B. 烧杯　　C. 移液管　　D. 容量瓶

(3) 配制的溶液浓度偏高的是________。

A. 配制稀盐酸用量筒量取浓盐酸时，俯视刻度线

B. 用量筒量取所需的浓盐酸，倒入烧杯后，再用水洗量筒 2~3 次，洗液倒入烧杯中

C. 称量 11.7 g NaCl 配制 0.2 mol/L NaCl 溶液时，砝码错放在左盘

D. 定容时仰视刻度线

三、简答题

(1) 用 2.00 mol/L 的 HAc 溶液配制 50 mL 0.200 mol/L 的 HAc 溶液的步骤是什么？

(2) 100 mL 溶液中含有 28.4 g Na_2SO_4，求 Na_2SO_4的摩尔浓度。

任务考核

配制 100 mL 75% 乙醇溶液操作标准及评分见表 3－2。

表 3-2　配制 100 mL 75%乙醇溶液操作标准及评分

考核要素	评分要素	配分	评分标准		扣分	得分
基本操作	准备	30 分	物品摆放	10 分		
			仪器清洗	10 分		
			试剂准备	10 分		
	配制	40 分	量取乙醇	10 分		
			加入水	20 分		
			混匀	10 分		
	标签的制作	10 分	是否正确	10 分		
文明操作	实验结果	5 分	使用完毕器皿的清洗	5 分		
	统筹安排能力、工作态度	15 分	清理实验台，仪器、药品摆放整齐	10 分		
			完成时间符合要求	5 分		
总计						

任务二　配制常用缓冲溶液

学习目标

（1）查阅缓冲溶液配制的相关资料，熟悉缓冲溶液溶液配制的方法。

（2）学习氨缓冲溶液、磷酸盐缓冲溶液等的配制方法及检验中用到的其他缓冲溶液的配制方法。

（3）练习配制常用的缓冲溶液。

技能目标

（1）掌握缓冲溶液的概念、组成和作用机制，以及影响缓冲溶液 pH 的因素。

（2）熟悉缓冲溶液的配制原则、方法和步骤。

（3）了解化学检验中常用的缓冲溶液的配制方法和标准缓冲溶液的组成。

职业素养

（1）获得自主学习、合作探究、沟通交流的能力。

（2）提高职业自信，树立爱岗敬业的职业精神。

（3）坚定学生理想信念、厚植爱国主义情怀、加强品德修养、增长知识见识、培养奋斗精神，提升学生综合素质；

知识点 缓冲溶液

一、缓冲溶液

知识点
缓冲溶液

在化学检验工作中，常常需要使用缓冲溶液来维持实验体系的酸碱度。研究工作的溶液体系 pH 的变化往往直接影响到研究工作的成效，所以配制缓冲溶液是一个不可或缺的关键步骤。纯水在 25 ℃时 pH 为 7.0，但只要与空气接触一段时间，因为吸收二氧化碳其 pH 降到 5.5 左右。1 滴浓盐酸(约 12.4 mol/L)加入 1 L 纯水中，可使[H^+]增加 5 000 倍左右(由 1.0×10^{-7} mol/L 增至 5×10^{-4} mol/L)；若将 1 滴氢氧化钠溶液(12.4 mol/L)加到 1 L 纯水中，pH 变化也有3 个单位。可见纯水的 pH 因加入少量的强酸或强碱而发生很大变化。1 滴浓盐酸加入 1 L 乙酸 - 乙酸钠混合溶液或 NaH_2PO_4 - Na_2HPO_4 混合溶液中，[H^+]的增加不到 1%(从 1.00×10^{-7} mol/L 增至 1.01×10^{-7} mol/L)，pH 没有明显变化。这种能对抗外来少量强酸、强碱或稍加稀释不引起溶液 pH 发生明显变化的作用称为缓冲作用；具有缓冲作用的溶液，称为缓冲溶液。

缓冲溶液指的是由弱酸及其盐、弱碱及其盐组成的混合溶液，能在一定程度上抵消、减轻外加强酸或强碱对溶液酸碱度的影响，从而保持溶液的 pH 相对稳定。

二、缓冲溶液的组成

缓冲溶液由足够浓度的共轭酸碱对组成。其中，能对抗外来强碱的称为共轭酸，能对抗外来强酸的称为共轭碱，这一对共轭酸碱通常称为缓冲对、缓冲剂或缓冲系。常见的缓冲对主要有以下 3 种类型。

(1) 弱酸及其对应的盐，如 HAc(乙酸) - NaAc(乙酸钠)、H_2CO_3(碳酸) - $NaHCO_3$(碳酸氢钠)。

(2) 多元弱酸的酸式盐及其对应的次级盐，如 $NaHCO_3$(碳酸氢钠) - Na_2CO_3(碳酸钠)、NaH_2PO_4(磷酸二氢钠) - Na_2HPO_4(磷酸氢二钠)、$NaH_2C_5HO_7$(柠檬酸二氢钠) - $Na_2HC_6H_5O_7$(柠檬酸氢二钠)。

(3) 弱碱及其对应的盐，如 NH_3(氨) - NH_4Cl(氯化铵)、RNH_2 - RNH_3A(伯胺及其盐)。

三、缓冲溶液的作用原理

在缓冲溶液中加入少量强酸(如 HCl)，会增加溶液的 H^+浓度。假设不发生其他反应，溶液的 pH 应该减小。但是由于 H^+浓度增加，抗酸成分即共轭碱 Ac^-与增加的 H^+结合成 HAc，破坏了 HAc 原有的离解平衡，使平衡左移即向生成共轭碱 Ac^-的方向移动，直至建立新的平衡。因为加入的 H^+较少，溶液中 Ac^-浓度较大，所以加入的 H^+绝大部分转变成弱酸 HAc，因此溶液的 pH 不发生明显的降低。

在缓冲溶液中加入少量强碱(如 NaOH)，会增加溶液中 OH^-的浓度。假设不发生其他反应，溶液的 pH 应该增大。但由于溶液中的 H^+ 立即与加入的 OH^- 结合成更难离解的 H_2O，这就破坏了 HAc 原有的离解平衡，促使 HAc 的离解平衡向右移动，即不断向生成 H^+ 和 Ac^- 的方向移动，直至加入的 OH^- 绝大部分转变成 H_2O，建立新的平衡为止。因为加入的 OH^- 少，溶液中抗碱成分即共轭酸 HAc 的浓度较大，因此溶液的 pH 不发生明显升高。

在溶液稍加稀释时，其中 H^+ 浓度虽然降低了，但 Ac^- 浓度同时降低了，同离子效应减弱，促使 HAc 的离解度增加，所产生的 H^+ 可维持溶液的 pH 不发生明显的变化。所以，溶液具有抗酸、抗碱和抗稀释作用。

现以 HAc－NaAc 缓冲溶液为例，说明缓冲溶液之所以能抵抗少量强酸或强碱使 pH 稳定的原理。乙酸是弱酸，在溶液中的离解度很小，溶液中主要以 HAc 分子形式存在，Ac 的浓度很低。乙酸钠是强电解质，在溶液中全部离解成 Na^+ 和 Ac^-，由于同离子效应，加入 NaAc 后使 HAc 离解平衡向左移动，使 HAc 的离解度减小，HAc 浓度增大。所以，在 HAc－NaAc 混合溶液中，存在着大量的 HAc 和 Ac^-。其中 HAc 主要来自共轭酸 HAc，Ac^- 主要来自 NaAc。这个溶液有一定浓度的 H^+，即有一定的 pH。

多元酸的酸式盐及其对应的次级盐的作用原理与前面讨论的相似。例如，在 NaH_2PO_4－Na_2HPO_4 溶液中存在着离解平衡：HPO_4^{2-} 是抗酸成分，通过平衡左移能对抗外加酸的影响。$H_2PO_4^-$ 是抗碱成分，通过平衡右移能对抗外加碱的影响。

弱碱及其对应盐的缓冲作用原理，如 NH_3－NH_4Cl（即 NH_3－NH_4^+）溶液中，NH_3 能对抗外加酸的影响是抗酸成分，NH_4^+ 能对抗外加碱的影响是抗碱成分。前者通过下述平衡向右移动而抗酸，后者通过平衡向左移动而抗碱，从而使溶液的 pH 稳定。

四、缓冲溶液 pH 的计算

亨德森方程式（又称为亨德森－哈塞尔巴赫方程式）如下：

$$pH = pK_a + 1\ g\frac{[共轭碱]}{[共轭酸]}$$

它表明缓冲溶液的 pH 决定于共轭酸的离解常数 K_a 和组成缓冲溶液的共轭碱与共轭酸浓度的比值。对于一定的共轭酸，pK_a 为定值，所以缓冲溶液的 pH 就决定于两者浓度的比值即缓冲比。当缓冲溶液加水稀释时，由于共轭碱和共轭酸的浓度受到同等程度的稀释，缓冲比是不变的；在一定的稀释度范围内，缓冲溶液的 pH 实际上也几乎不变。

值得注意的是，方程式中酸及其共轭碱的浓度都是平衡时的浓度，除了酸性过强的情况下，由于同离子效应的存在，一般可用此式计算。

五、缓冲溶液的配制方法

首先，需要计算。只要知道缓冲对的 pH 和要配制的缓冲液的 pH（及要求的缓冲液总浓度），就能按公式计算[盐]和[酸]的量。

其次，计算好后按计算结果准确称好固态化学成分，放于烧杯中，加少量蒸馏水溶解，转移入容量瓶，加蒸馏水至刻度，摇匀，就能得到所需的缓冲液。

各种缓冲溶液的配制，均按表格按比例混合，某些试剂，必须标定配成准确浓度才能进行，如乙酸、氢氧化钠等。另外，所有缓冲溶液的配制用量都能从以上的算式准确获得。

常用的标准缓冲溶液有邻苯二甲酸氢钾溶液，磷酸二氢钾和磷酸氢二钠混合盐溶液、硼砂溶液，$KHC_8H_4O_4$等。国际理论(化学)与应用化学联合会规定了标准缓冲溶液具体的浓度及 pH 标准值。常见 pH 标准缓冲溶液的配法及不同温度下的 pH 见表 3－3。其他常用缓冲溶液的配制与 pH 见表 3－4。

表 3－3　常见 pH 标准缓冲溶液的配法及不同温度下的 pH

名称	配制	pH									
草酸盐标准缓冲溶液	$c[KH_3(C_2O_4)_2\cdot 2H_2O]$ 为 0.05 mol/L。称取 12.71 g 四草酸钾 $[KH_3(C_2O_4)_2\cdot 2H_2O]$ 溶于无二氧化碳的水中，稀释至 1 000 mL	温度	0 ℃	5 ℃	10 ℃	15 ℃	20 ℃	25 ℃	30 ℃	35 ℃	40 ℃
		pH	1.67	1.67	1.67	1.67	1.68	1.68	1.69	1.69	1.69
		温度	45 ℃	50 ℃	55 ℃	60 ℃	70 ℃	80 ℃	90 ℃	95 ℃	—
		pH	1.70	1.71	1.72	1.72	1.74	1.77	1.79	1.81	—
酒石酸盐标准缓冲溶液	在 25 ℃时，用无二氧化碳的水溶解外消旋的酒石酸氢钾 $(KHC_4H_4O_6)$，并剧烈振摇至成饱和溶液	温度	0 ℃	5 ℃	10 ℃	15 ℃	20 ℃	25 ℃	30 ℃	35 ℃	40 ℃
		pH	—	—	—	—	—	3.56	3.55	3.55	3.55
		温度	45 ℃	50 ℃	55 ℃	60 ℃	70 ℃	80 ℃	90 ℃	95 ℃	—
		pH	3.55	3.55	3.55	3.56	3.58	3.61	3.65	3.67	—
苯二甲酸氢盐标准缓冲溶液	$c(C_6H_4CO_2HCO_2K)$ 为 0.05 mol/L。称取于 (115.0 ±5.0) ℃干燥 2～3 h 的邻苯二甲酸氢钾 $(KHC_8H_4O_4)$ 10.21 g，溶于无二氧化碳的蒸馏水，并稀释至 1 000 mL（注：可用于酸度计校准）	温度	0 ℃	5 ℃	10 ℃	15 ℃	20 ℃	25 ℃	30 ℃	35 ℃	40 ℃
		pH	4.00	4.00	4.00	4.00	4.00	4.01	4.01	4.02	4.04
		温度	45 ℃	50 ℃	55 ℃	60 ℃	70 ℃	80 ℃	90 ℃	95 ℃	—
		pH	4.05	4.06	4.08	4.09	4.13	4.16	4.21	4.23	—
磷酸盐标准缓冲溶液	分别称取在 (115.0 ± 5.0) ℃干燥 2～3 h 的磷酸氢二钠 (Na_2HPO_4) (3.53 ± 0.01) g 和磷酸二氢钾 (KH_2PO_4) (3.39 ± 0.01) g，溶于预先煮沸过 15～30 min 并迅速冷却的蒸馏水中，并稀释至 1 000 mL（注：可用于酸度计校准）	温度	0 ℃	5 ℃	10 ℃	15 ℃	20 ℃	25 ℃	30 ℃	35 ℃	40 ℃
		pH	6.98	6.95	6.92	6.90	6.88	6.86	6.85	6.84	6.84
		温度	45 ℃	50 ℃	55 ℃	60 ℃	70 ℃	80 ℃	90 ℃	95 ℃	—
		pH	6.83	6.83	6.83	6.84	6.85	6.86	6.88	6.89	—

续表

名称	配制	pH									
硼酸盐标准缓冲溶液	称取硼砂($Na_2B_4O_7 \cdot 10H_2O$)(3.80 ± 0.01) g(注意：不能烘)，溶于预先煮沸过15~30 min并迅速冷却的蒸馏水中，并稀释至1 000 mL，置聚乙烯塑料瓶中密闭保存。存放时要防止空气中的二氧化碳进入(注：可用于酸度计校准)	温度	0 ℃	5 ℃	10 ℃	15 ℃	20 ℃	25 ℃	30 ℃	35 ℃	40 ℃
		pH	9.46	9.40	9.33	9.27	9.22	9.18	9.14	9.10	9.06
		温度	45 ℃	50 ℃	55 ℃	60 ℃	70 ℃	80 ℃	90 ℃	95 ℃	—
		pH	9.04	9.01	8.99	8.96	8.92	8.89	8.85	8.83	—
氢氧化钙标准缓冲溶液	在25 ℃，用无二氧化碳的蒸馏水制备氢氧化钙的饱和溶液。氢氧化钙溶液的浓度$c[1/2Ca(OH)_2]$应在0.040 0~0.041 2 mol/L。氢氧化钙溶液的浓度可以酚红为指示剂，用盐酸标准溶液[$c(HCl)$ = 0.1 mol/L]滴定测出。存放时要防止空气中的二氧化碳进入。出现混浊应弃去重新配制	温度	0 ℃	5 ℃	10 ℃	15 ℃	20 ℃	25 ℃	30 ℃	35 ℃	40 ℃
		pH	13.42	13.21	13.00	12.81	12.63	12.45	12.30	12.14	11.98
		温度	45 ℃	50 ℃	55 ℃	60 ℃	70 ℃	80 ℃	90 ℃	95 ℃	—
		pH	11.84	11.71	11.57	11.45	—	—	—	—	—

表3-4　其他常用缓冲溶液的配制与pH

序号	溶液名称	配制方法	pH
1	氯化钾-盐酸	13.0 mL 0.2 mol/L HCl与25.0 mL 0.2 mol/L KCl混合均匀后，加水稀释至100 mL	1.7
2	氨基乙酸-盐酸	在500 mL水中溶解氨基乙酸150 g，加480 mL浓盐酸，再加水稀释至1 L	2.3
3	一氯乙酸-氢氧化钠	在200 mL水中溶解2 g一氯乙酸后，加40 g NaOH，溶解完全后再加水稀释至1 L	2.8
4	邻苯二甲酸氢钾-盐酸	把25.0 mL 0.2 mol/L的邻苯二甲酸氢钾溶液与6.0 mL 0.1 mol/L HCl混合均匀，加水稀释至100 mL	3.6
5	邻苯二甲酸氢钾-氢氧化钠	把25.0 mL 0.2 mol/L的邻苯二甲酸氢钾溶液与17.5 mL 0.1 mol/L NaOH混合均匀，加水稀释至100 mL	4.8
6	六亚甲基四胺-盐酸	在200 mL水中溶解六亚甲基四胺40 g，加浓HCl 10 mL，再加水稀释至1 L	5.4
7	磷酸二氢钾-氢氧化钠	把25.0 mL 0.2 mol/L的磷酸二氢钾与23.6 mL 0.1 mol/L NaOH混合均匀，加水稀释至100 mL	6.8
8	硼酸-氯化钾-氢氧化钠	把25.0 mL 0.2 mol/L的硼酸-氯化钾与4.0 mL 0.1 mol/L NaOH混合均匀，加水稀释至100 mL	8.0

续表

序号	溶液名称	配制方法	pH
9	氯化铵-氨水	把0.1 mol/L氯化铵与0.1 mol/L氨水以2:1比例混合均匀	9.1
10	硼酸-氯化钾-氢氧化钠	把25.0 mL 0.2 mol/L的硼酸-氯化钾与43.9 mL 0.1 mol/L NaOH混合均匀，加水稀释至100 mL	10.0
11	氨基乙酸-氯化钠-氢氧化钠	把49.0 mL 0.1 mol/L氨基乙酸-氯化钠与51.0 mL 0.1 mol/L NaOH混合均匀	11.6
12	磷酸氢二钠-氢氧化钠	把50.0 mL 0.05 mol/L Na_2HPO_4与26.9 mL 0.1 mol/L NaOH混合均匀，加水稀释至100 mL	12.0
13	氯化钾-氢氧化钠	把25.0 mL 0.2 mol/L KCl与66.0 mL 0.2 mol/L NaOH混合均匀，加水稀释至100 mL	13.0

课堂习题

一、填空题

(1) 缓冲溶液具有________作用，在反应生成或外加少量的强酸、强碱后，也能保持溶液的________基本不变。

(2) ________是衡量缓冲溶液缓冲能力大小的指标。

(3) 缓冲容量的大小与________有关。

(4) 缓冲溶液的组成包括________、________、________。

二、选择题

(1) 从酸碱质子理论来看，(　　)既是酸又是碱。

A. H_2O　　B. NH_4^+　　C. Ac^-　　D. CO_3^{2-}

(2) 缓冲溶液的缓冲容量与(　　)有关。

A. 缓冲溶液的总浓度

B. 缓冲溶液的总浓度和缓冲组分浓度比

C. 外来酸碱的量

D. 缓冲组分的浓度比

技能点　缓冲溶液的配制

I　氨缓冲溶液的配制(pH约为10)

一、工作准备

1. 试剂

(1) 氯化铵(分析纯试剂)。

(2) 氨水(分析纯试剂)：25%~28%。

2. 仪器

（1）电子天平(感量0.001 g)。

（2）烧杯。

（3）玻璃棒。

（4）量筒：100 mL。

（5）容量瓶：1 000 mL。

（6）试剂瓶：1 000 mL。

技能点　缓冲溶液的配制

3. 参考标准

《化学试剂　试验方法中所用制剂及制品的制备》(GB/T 603—2002)。

二、操作步骤

（1）称取26.7 g氯化铵，置于烧杯中，加少量水溶解。

（2）用量筒量取36 mL氨水，倒入上述烧杯中，用玻璃棒搅拌均匀。

（3）将其转至1 000 mL容量瓶中，用少量蒸馏水涮洗烧杯，涮洗后的水并入容量瓶，重复此操作2~3次。用蒸馏水定容至容量瓶刻度处，混匀。

（4）将上述溶液转移至试剂瓶，制作标签。

Ⅱ　磷酸盐缓冲溶液的配制(0.2 mol/L，pH 5.7~8.0)

一、工作准备

1. 试剂

（1）磷酸氢二钠(分析纯试剂)。

（2）磷酸二氢钠(分析纯试剂)。

（3）重蒸水。

2. 仪器

（1）电子天平(感量0.001 g)。

（2）烧杯。

（3）玻璃棒。

（4）量筒：100 mL。

（5）容量瓶：1 000 mL。

（6）试剂瓶：1 000 mL。

二、操作步骤

（1）0.2 mol/L的NaH_2PO_4的配制：称取$NaH_2PO_4 \cdot 2H_2O$ 31.2 g(或$NaH_2PO_4 \cdot H_2O$ 27.6 g)加重蒸水至1 000 mL溶解。转移试剂瓶，并制作标签。

（2）0.2 mol/L的Na_2HPO_4的配制：称取$Na_2HPO_4 \cdot 12H_2O$ 71.632 g(或$Na_2HPO_4 \cdot 7H_2O$ 53.6 g或$Na_2HPO_4 \cdot 2H_2O$ 35.6 g)，加重蒸水至1 000 mL溶解，转移入试剂瓶，并制作标签。

(3) 0.2 mol/L 的磷酸缓冲液的配制：可根据表 3－5，按要求 pH 对上述两种溶液进行混合。

表 3－5 0.2 mol/L 磷酸盐缓冲液(pH 5.7～8.0)

pH	0.2 mol/L NaH_2PO_4/mL	0.2 mol/L Na_2HPO_4/mL
5.7	93.5	6.50
5.8	92.0	8.00
5.9	90.0	10.0
6.0	87.7	12.3
6.1	85.0	15.0
6.2	81.5	18.5
6.3	77.5	22.5
6.4	73.5	26.5
6.5	68.5	31.5
6.6	62.5	37.5
6.7	56.5	43.5
6.8	51.0	49.0
6.9	45.0	55.0
7.0	39.0	61.0
7.1	33.0	67.0
7.2	28.0	72.0
7.3	23.0	67.0
7.4	19.0	81.0
7.5	16.0	84.0
7.6	13.0	87.0
7.7	10.5	89.5
7.8	8.50	91.5
7.9	7.00	93.0
8.0	5.30	94.7

Ⅲ 标准缓冲溶液(pH 4.00、pH 6.86、pH 9.18)的配制

一、工作准备

1. 试剂

(1) 邻苯二甲酸氢钾(分析纯试剂)。

(2) 磷酸二氢钾(分析纯试剂)。

(3) 磷酸氢二钠(分析纯试剂)。

(4) 硼酸钠(分析纯试剂)。

(5) 蒸馏水：三级水。

2. 仪器

(1) 电子天平(感量 0.001 g)。

(2) 烧杯。

(3) 玻璃棒。

(4) 容量瓶：1 000 mL。

(5) 试剂瓶：1 000 mL。

(6) 电炉。

(7) 电热干燥箱。

二、操作步骤

1. pH 4.01 邻苯二甲酸氢钾缓冲溶液

称取在 110 ℃干燥箱烘干的分析纯邻苯二甲酸氢钾($KHC_8H_4O_4$)10.211 g，溶于蒸馏水中，并稀释至 1 L，此溶液的 pH 为 4.01(25 ℃)。转移入试剂瓶，并贴标签。

2. pH 6.86 磷酸盐缓冲溶液

称取在 110 ℃干燥箱烘干 2 h 的分析纯磷酸二氢钾(KH_2PO_4)3.387 g 和分析纯磷酸氢二钠(Na_2HPO_4)3.533 g，溶于脱除 CO_2 的蒸馏水中，并稀释至 1 L，此溶液的 pH 为 6.86(25 ℃)。转移入试剂瓶，并贴标签。

3. pH 9.18 硼酸钠缓冲溶液

称取 3.810 g 分析纯硼酸钠($Na_2B_4O_7 \cdot 10H_2O$)，溶于 1 L 脱除 CO_2 的蒸馏水中，此溶液的 pH 为 9.18(25 ℃)。转移入试剂瓶，并贴标签。

三、注意事项

(1) 一般缓冲溶液储于硬质玻璃瓶或塑料瓶中，能稳定 1~2 个月。

(2) 配制标准缓冲溶液所用的水，应预先煮沸 15~30 min，除去溶解的二氧化碳。在冷却过程中应避免与空气接触，以防止二氧化碳的污染。待用。

(3) 配制试剂用水，应用新鲜的去离子水或双蒸馏水。

课堂习题

简答题

(1) 缓冲溶液的选择原则是什么？

(2) 缓冲溶液的 pH 决定于哪些因素？

(3) 以 HAc - NaAc 为例说明缓冲溶液的缓冲原理。

任务考核

配制 pH 6.86 磷酸标准缓冲溶液的操作标准及评分见表 3-6。

表 3-6　配制 pH 6.86 磷酸标准缓冲溶液的操作标准及评分

考核要素	评分要素	配分	评分标准		扣分	得分
基本操作	准备	30 分	物品摆放	10 分		
			仪器清洗	10 分		
			试剂准备	10 分		
	配制	40 分	称量	10 分		
			溶解	20 分		
			转移	10 分		
	标签的制作	10 分	是否正确	10 分		
文明操作	实验结果	5 分	使用完毕器皿的清洗	5 分		
	统筹安排能力、工作态度	15 分	清理实验台，仪器、药品摆放整齐	10 分		
			完成时间符合要求	5 分		
总计						

任务三　配制常用标准滴定溶液

学习目标

(1) 查阅标准滴定溶液配制的相关资料，熟悉标准溶液的概念、应用和配制的方法。

(2) 学习氢氧化钠、盐酸等标准滴定溶液的配制方法，以及检验中用到的其他标准溶液的配制方法。

(3) 练习配制与标定常用的标准滴定溶液。

技能目标

(1) 掌握标准滴定溶液的概念和基准物质的概念。

(2) 掌握标准滴定溶液的配制与标定方法。

(3) 了解化学检验中常用的标准滴定溶液的类型。

职业素养

(1) 养成一丝不苟、坚持不懈的毅力品质。

(2) 强化劳动观念，领悟劳动的意义价值，形成勤俭、奋斗、创新、奉献的劳动精神。

(3) 形成工作流程意识，提升规范意识。

知识点一　标准溶液

在国民经济的许多部门及科学研究工作中，都离不开检验工作。为保证检验结果准确可靠，并具有公认的可比性，必须使用标准物质标定溶液浓度、校准仪器和评价分析方法。因此，标准物质是测定物质组成、结构或其他有关特性量值过程中不可缺少的一种计量标准。目前我国已有1 000多种标准物质，如食品检验中标定溶液浓度的基准试剂，冶金、机械部门研制并得到广泛应用的矿物、纯金属、合金、钢铁等标准试样。

知识点一
标准溶液

一、标准溶液

标准溶液是已知其准确浓度或其他特性量值的溶液。检验中常用的标准溶液主要有3类，即滴定分析用标准溶液、仪器分析用标准溶液和pH测量用标准溶液。

1. 滴定分析用标准溶液

滴定分析用标准溶液用于测定试样中的常量组分，其浓度值保留4位有效数字，其不确定度为±0.2%左右。该标准溶液主要有两种配制方法。一是直接法，即用分析天平准确称量一定质量的工作基准试剂或相当纯度的其他标准物质(如纯金属)于小烧杯中，用适量水或其他试剂溶解后，定量转移至容量瓶中，用水稀释至刻度，摇匀。这种配制方法简单，但成本高，不宜大批量使用，而且很多标准溶液无合适的标准物质配制(如NaOH、HCl、$KMnO_4$等)。二是间接配制法(标定法)，即最普遍使用的方法，先用分析纯试剂配成接近所需浓度的溶液(用台秤和量筒)，然后利用该物质与适当的工作基准试剂或其他标准物质或另一种已知准确浓度的标准溶液的反应来确定其准确浓度。

标准溶液应密闭保存，避免阳光直射甚至完全避光，见光易分解的标准溶液用棕色瓶储存。储存的标准溶液，由于水分蒸发，水珠凝于瓶壁，使用前应将溶液摇匀。溶液的标定周期除与溶质本身性质有关外，还与配制方法、保存方法及实验室环境有关。较稳定的标准溶液的标定周期为1～2个月。

当对实验结果的精确度要求不很高时，可用优级纯或分析纯试剂代替同种的工作基准试剂进行标定。

2. 仪器分析用标准溶液

仪器分析种类繁多，不同的仪器分析实验对试剂的要求也不同。配制仪器分析中的标准溶液可能用到专门试剂、高纯试剂、纯金属及其他标准物质、优级纯及分析纯试剂等。同种仪器的分析方法，当分析对象不同时所用试剂的级别也可能不同。配制仪器分析用标准溶液的纯水应使用二级水。

仪器分析标准溶液的浓度都比较低，除用物质的量浓度表示外，常用质量浓度(μg/mL或g/L)表示。稀溶液的保质期较短，通常配成比使用的溶液(操作溶液)高1～3个数量级的浓溶液作为储备液，临用前进行稀释。当稀释倍数高时，应采取逐次稀释的方法。

为防止溶液在存放过程中容器对标准溶液的污染和吸附，有些金属离子的标准溶液宜储存于聚乙烯瓶中。

3. pH 测量用标准溶液

用酸度计测量溶液的 pH 时，必须先用 pH 基准试剂配制的 pH 标准缓冲溶液对仪器进行校准(定位)。pH 标准溶液的浓度用 mol/L 表示，并接近待测溶液的 pH。pH 标准缓冲溶液的 pH 是在一定温度下，经过实验精确测定的。6 种 pH 标准缓冲溶液在不同温度下的 pH 见表 3－7，其准确度为 ±0.01。

表 3－7　6 种 pH 标准缓冲溶液在不同温度下的 pH

试剂浓度/(mol/L)	温度/℃					
	10	15	20	25	30	35
四草酸钾 0.05	1.67	1.67	1.68	1.68	1.68	1.69
酒石酸氢钾(饱和)				3.56	3.55	3.55
邻苯二甲酸氢钾 0.05	4.00	4.00	4.00	4.00	4.01	4.02
磷酸氢二钠 0.025；磷酸二氢钾 0.025	6.92	6.90	6.88	6.86	6.85	6.84
四硼酸钠 0.01	9.33	9.28	9.23	9.18	9.14	9.11
氢氧化钙(饱和)	13.01	12.82	12.64	12.46	12.29	12.13

配制 pH 标准缓冲溶液纯水的电导率应不大于 0.02 ms/m，配制碱性溶液所用纯水应预先煮沸 15 min 以上，以除去其中的 CO_2。

有的 pH 基准试剂有袋装产品，使用很方便，直接将袋内的试剂全部溶解并稀释至规定体积即可。缓冲溶液一般可保存 2～3 个月，若发现混浊、沉淀或发霉，则须重新配制。

二、标准溶液的配制方法

标准溶液的配制方法有两种，一种是直接法，即准确称量一定量的基准物质，用适当溶剂溶解后定容至容量瓶里。如果试剂符合基准物质的要求(组成与化学式相符，纯度高、稳定)，可以直接配制标准溶液，即准确称出适量的基准物质，溶解后配制在一定体积的容量瓶内。可由下式计算应称取的基准物质的质量 m 为

$$m = cVM$$

式中　c——所需配制的溶液的摩尔浓度。

V——所需配制溶液的体积；

M——基准物质的摩尔质量。

利用上式可计算出标准溶液的浓度。另一种是标定法，很多物质不符合基准物质的条件，不适合直接配制标准溶液。即先配制成近似需要的浓度，再用基准物质或用已经被基准物质标定过的标准溶液来确定准确浓度。

三、标准溶液的保存

(1) 标准溶液一般用磨口瓶保存，以防止溶液蒸发和异物混入。

(2) 盛放标准溶液的容器上应贴上标签，内容包括标准溶液名称、批号、浓度、配制日期、配制人、有效期。

（3）标准溶液的有效期除另有规定外，一般标准储备液为6个月，浊度标准储备液在冷处避光保存条件下，可在2个月内使用，用前摇匀，超过期限的标准溶液应重新配制。所使用的标准溶液应按规定浓度，临用前用储备液稀释而得。

四、标准溶液的使用

（1）标准溶液使用前必须摇匀。

（2）使用新标准储备液所配制的标准溶液，应与原标准溶液进行对比，如不完全一致，应向配制人员提出复检。

（3）如样品不符合规定或在限度边缘，应重新配制标准溶液再进行复查。

（4）使用过程中发现标准溶液出现混浊、沉淀等异常情况或超过使用期限的，应立即停用。

（5）各种滴定液的配制、标定可参考《化学试剂　标准滴定溶液的制备》（GB/T 601—2016）。

课堂习题

填空题

（1）清洗就是用自来水洗涤玻璃仪器，润洗就是用纯水洗涤玻璃仪器。这种说法________。

（2）用Na_2CO_3标准溶液标定盐酸溶液时，需要用操作溶液润洗3次的玻璃仪器是________。（锥形瓶、滴定管、移液管、玻璃棒）

（3）比较稳定的标准溶液在常温下保存时间不得超过________。

（4）标准滴定溶液的浓度通常用________或________表示。

（5）标准溶液配制的方法有________和________。

（6）标定法有两种，即________和________。

知识点二　基准试剂

一、标准物质

知识点二
基准试剂

1986年，我国国家计量局接受了由国际标准化组织提出的并为国际计量局所确认的标准物质的定义。标准物质是已确定其一种或几种特性，用于校准测量器具、评价测量方法或确定材料特性量值的物质。

标准物质是由国家最高计量行政部门颁布的一种计量标准，起到统一全国量值的作用。它具有材质均匀、性质稳定、批量生产、准确定值等特性，并有标准物质证书（其中标明特性量值的标准值及定值的准确度等内容）。此外，某些标准物质的试样还应系列化，以消除待测试样与标准试样两者间因主体成分性质的差异给测定结果带来的系统误差。例如，要分析某牌号钢铁试样时，应选择牌号相同而且组成近似的钢铁标准试样配制标准系列。

我国的标准物质分为一级和二级两个级别。一级标准物质采用绝对测量法定值，定值的准确度要具有国内最高水平。它主要用于研究和评价标准方法、二级标准物质的定值和高精确度测量仪器的校准。二级标准物质采用准确可靠的方法或直接与一级标准物质比较的方法定值，定值的准确度一般要高于现场(即实际工作)测量准确度的3~10倍。二级标准物质主要用于研究和评价现场分析方法及现场标准溶液的定值，是现场实验室的质量保证。二级标准物质又称为工作标准物质，它的产品批量较大，通常分析实验室所用的标准试样都是二级标准物质。

目前我国的化学试剂中只有滴定分析基准试剂和pH基准试剂属于标准物质，其产品只有几十种。我国规定第一基准试剂(一级标准物质)的主体含量为99.98%~100.02%，其值采用准确度最高的精确库仑滴定法测定。工作基准试剂(二级标准物质)的主体含量为99.95%~100.05%，以第一基准试剂为标准，用称量滴定法(重量滴定法)定值。工作基准试剂是滴定分析实验中常用的计量标准，可使被标定溶液的不确定度在±0.2%以内。一级pH基准试剂(一级标准物质)的pH的总不确定度为±0.005。它通常只用于pH基准试剂的定值和高精度酸度计的校准。

二、基准物质

基准物质是分析化学中用于直接配制标准溶液或标定滴定分析中操作溶液浓度的物质。我国习惯上将滴定分析用的工作基准试剂和某些纯金属这两类标准物质称为基准物质。基准物质应符合5项要求：一是纯度高(质量分数应≥99.9%)；二是组成与它的化学式完全相符，如含有结晶水，其结晶水的含量均应符合化学式；三是性质稳定，一般情况下不易失水、吸水或变质，不与空气中的氧气及二氧化碳反应；四是参加反应时，应按反应式定量地进行，没有副反应；五是要有较大的摩尔质量，以减小称量时的相对误差。滴定分析中常用的基准物质见表3-8。

表3-8　滴定分析中常用的基准物质

基准物质	化学式	干燥条件(至恒重)	标定对象
无水碳酸钠	Na_2CO_3	270~300 ℃	酸
硼砂	$Na_2B_4O_7 \cdot 10H_2O$	放在含NaCl和蔗糖饱和溶液的干燥器中	酸
邻苯二甲酸氢钾	$KHC_8H_4O_4$	105~110 ℃	碱
草酸	$H_2C_2O_4 \cdot 2H_2O$	室温空气干燥	碱或$KMnO_4$
重铬酸钾	$K_2Cr_2O_7$	140 ℃	还原剂
溴酸钾	$KBrO_3$	130 ℃	还原剂
碘酸钾	KIO_3	130 ℃	还原剂
铜	Cu	室温干燥器中保存	还原剂
三氧化二砷	As_2O_3	室温干燥器中保存	还原剂
草酸钠	$Na_2C_2O_4$	105~110 ℃	$KMnO_4$

续表

基准物质	化学式	干燥条件(至恒重)	标定对象
碳酸钙	$CaCO_3$	110 ℃	EDTA
锌	Zn	室温干燥器中保存	EDTA
氧化锌	ZnO	800 ℃	EDTA
氯化钠	NaCl	500～550 ℃	$AgNO_3$
硝酸银	$AgNO_3$	H_2SO_4 干燥器	氯化物或硫氰酸盐

基准物质要预先按规定的方法进行干燥。配制标准溶液要选用符合实验要求的纯水，络合滴定和沉淀滴定对纯水的质量要求较高，一般要求高于三级水的标准，其他标准溶液通常使用三级水。

课堂习题

一、填空题

(1) 无论何种滴定方法，都离不开标准溶液，以直接法制备标准溶液，必须使用________，以间接法制备标准溶液，则可使用________。

(2) 标准溶液一般应于细口试剂瓶中________储存；易分解、挥发的溶液应保存在________中；强碱溶液应保存在________中，并在瓶口装上碱石灰干燥管。对玻璃有腐蚀的溶液，如 KOH、NaOH、EDTA 等，储存于________中为佳。

二、选择题

在滴定分析中，通常借助指示剂颜色的突变来判断化学计量点的到达，在指示剂变色时停止滴定。这一点称为(　　)。

A. 化学计量点　　B. 滴定分析点

C. 滴定终点　　D. 滴定误差点

技能点一　0.1 mol/L 氢氧化钠标准滴定溶液的配制与标定

氢氧化钠标准滴定溶液主要用于滴定分析法，又称容量分析法，将已知准确浓度的标准溶液滴加到被测溶液中(或者将被测溶液滴加到标准溶液中)，直到所加的标准溶液与待测溶液按化学计量关系定量反应为止，然后测量标准溶液消耗的体积，根据标准溶液的浓度和所消耗的体积，算出待测物质的含量。这种定量分析的方法称为滴定分析法，它是一种简便、快速和应用广泛的定量分析方法，在常量分析中有较高的准确度。

技能点一 0.1 mol/L 氢氧化钠标准滴定溶液的配制与标定

一、工作准备

1. 试剂

(1) 氢氧化钠(分析纯试剂)。

(2) 邻苯二甲酸氢钾(基准试剂)。

(3) 无二氧化碳的蒸馏水：将蒸馏水适量注入烧杯中，煮沸 10 min，然后用装有钠石灰管的胶塞塞紧，冷却备用。

(4) 酚酞指示剂溶液(10 g/L)(配制方法可参照本项目任务一)。

2. 仪器

(1) 托盘天平(感量 0.1 g)。

(2) 烧杯。

(3) 玻璃棒。

(4) 称量瓶、干燥器。

(5) 试剂瓶：100 mL。

(6) 电子天平(感量 0.000 1 g)。

(7) 碱式滴定管：50 mL。

(8) 容量瓶：1 000 mL。

(9) 电热干燥箱。

3. 参考标准

《化学试剂　标准滴定溶液的制备》(GB/T 601—2016)。

二、操作步骤

(1) 配制氢氧化钠饱和溶液：称取 110 g 氢氧化钠，溶于 100 mL 无二氧化碳的水中，摇匀，注入聚乙烯容器中并制作标签，密闭放置至溶液清亮。

(2) 配制 0.1 mol/L 氢氧化钠标准滴定溶液：按表 3－9 的规定量用塑料管量取上层清液 5.4 mL，用无二氧化碳的水稀释至 1 000 mL，摇匀。

表 3－9　配制不同浓度的氢氧化钠标准滴定溶液所需氢氧化钠饱和溶液的体积

氢氧化钠标准滴定溶液的浓度[$c(NaOH)$]/(mol/L)	氢氧化钠饱和溶液的体积 V/mL
1	54
0.5	27
0.1	5.4

(3) 标定 0.1 mol/L 氢氧化钠标准滴定溶液：①将工作基准试剂邻苯二甲酸氢钾在 105～110 ℃干燥箱中干燥至恒重。②按表 3－10 的规定称取恒重的邻苯二甲酸氢钾 0.75 g(称量精确到 0.000 1 g，并记录其详细数值)，置于锥形瓶中，加无二氧化碳的水 50 mL 溶解，加 2 滴酚酞指示液(10 g/L)备用。③碱式滴定管中装配制好的氢氧化钠溶液，用其滴定至溶液呈粉红色，并保持 30 s 不褪色。④按上述方法，至少做 4 个平行，同时做空白实验。

表 3－10　标定不同浓度氢氧化钠标准滴定溶液所需邻苯二甲酸氢钾的质量及无二氧化碳水的体积

氢氧化钠标准滴定溶液的浓度 [c(NaOH)]/(mol/L)	工作基准试剂邻苯二甲酸氢钾的质量 m/g	无二氧化碳水的体积 V/mL
1	7.5	80
0.5	3.6	80
0.1	0.75	50

三、原始数据记录

NaOH 标准溶液标定原始记录见表 3－11。

表 3－11　NaOH 标准溶液标定原始记录

<table>
<tr><td colspan="2">药品名称</td><td>NaOH 标准溶液</td><td>配制时间</td><td>年　　月　　日</td></tr>
<tr><td colspan="2">药品数量</td><td></td><td>温度</td><td></td></tr>
<tr><td colspan="2">执行标准</td><td>GB/T 601—2016</td><td>标定时间</td><td>年　　月　　日</td></tr>
<tr><td colspan="2">基准药品名称</td><td colspan="3">邻苯二甲酸氢钾</td></tr>
<tr><td colspan="2">药品状态</td><td colspan="3"></td></tr>
<tr><td colspan="2">仪器、精度</td><td colspan="3">电子天平，±0.1 mg；50 mL 碱式滴定管，0.1 mL</td></tr>
<tr><td rowspan="7">标定实验</td><td colspan="4">化验员：</td></tr>
<tr><td>序号</td><td>基准药品用量 m/g</td><td>消耗标准溶液量 V_1/mL</td><td>NaOH 标准溶液的浓度/(mol/L)</td></tr>
<tr><td>1</td><td></td><td></td><td></td></tr>
<tr><td>2</td><td></td><td></td><td></td></tr>
<tr><td>3</td><td></td><td></td><td></td></tr>
<tr><td>4</td><td></td><td></td><td></td></tr>
<tr><td>5</td><td colspan="3">空白 V_2：</td></tr>
<tr><td>NaOH 标准溶液的平均浓度/(moL/L)</td><td colspan="4"></td></tr>
</table>

化验员：　　　　　　　　　　　　　　校核：

四、结果计算

氢氧化钠标准滴定溶液的浓度 c(NaOH)，数值以 moL/L 表示，按式(3－1)计算：

$$c(\mathrm{NaOH}) = \frac{m \times 1\,000}{(V_1 - V_2)M} \tag{3-1}$$

式中　m——邻苯二甲酸氢钾质量的准确数值，g；

V_1——氢氧化钠溶液体积的数值，mL；

V_2——空白实验氢氧化钠溶液体积的数值，mL；

M——邻苯二甲酸氢钾的摩尔质量的数值，g/mol[$M(KHC_8H_4O_4) = 204.22$]。

五、注意事项

(1) 配制氢氧化钠溶液，以少量蒸馏水洗去固体氢氧化钠表面可能有的碳酸钠时，不能用玻璃棒搅拌，操作要迅速，以免氢氧化钠溶解过多而减小溶液浓度。

(2) 由于浓碱腐蚀玻璃，因此饱和氢氧化钠溶液应当保存在塑料瓶或内壁涂有石蜡的瓶中。

(3) 配制成的氢氧化钠标准溶液应保存在装有虹吸管及碱石灰管的瓶中，防止吸收空气中的二氧化碳。

(4) 放置过久的氢氧化钠溶液，其浓度会发生变化，使用时应重新标定。

(5) 在滴定分析过程中，为进一步减少二氧化碳的进入，应使用加热煮沸后冷却至室温的蒸馏水；滴定时不能剧烈振荡锥形瓶。

课堂习题

一、填空题

(1) 标定 NaOH 溶液常用的基准物是________。

(2) 配制 NaOH 溶液应用________水。

二、简答题

NaOH 标准滴定溶液的有效期是多久？放置过久的该溶液应怎样处理？

任务考核

配制与标定 0.1 mol/L 氢氧化钠标准滴定溶液操作标准及评分见表 3-12。

表 3-12　配制与标定 0.1 mol/L 氢氧化钠标准滴定溶液操作标准及评分

考核要素	评分要素	配分	评分标准		扣分	得分
基本操作	准备	20 分	物品摆放	5 分		
			仪器清洗	5 分		
			滴定管、容量瓶试漏	10 分		
	0.1 mol/L 氢氧化钠标准滴定溶液的定容	15 分	吸量管吸取	5 分		
			定容操作	10 分		
	标定	30 分	邻苯二甲酸氢钾、水、指示剂的加入	5 分		
			滴定操作	10 分		
			滴定终点	5 分		
			平行操作	5 分		
			空白操作	5 分		

续表

考核要素	评分要素	配分	评分标准		扣分	得分
文明操作	实验结果	20分	数据记录	10分		
			结果计算	10分		
	统筹安排能力、工作态度	15分	安全文明操作	5分		
			操作后清理实验台，仪器、药品摆放整齐	5分		
			完成时间符合要求	5分		
总计						

技能点二　0.1 mol/L盐酸标准滴定溶液的配制与标定

技能点二
0.1 mol/L 盐酸
标准滴定溶液
的配制与标定

一、工作准备

1. 试剂

（1）盐酸（36%~38%分析纯试剂）。

（2）无水碳酸钠（基准试剂）。

（3）蒸馏水：三级水。

（4）溴甲酚绿－甲基红指示剂溶液（3∶1）（配制方法可参照本项目任务一）。

2. 仪器

（1）干燥器。

（2）烧杯。

（3）玻璃棒。

（4）坩埚、坩埚夹。

（5）试剂瓶：100 mL。

（6）电子天平（感量0.000 1 g）。

（7）酸式滴定管：50 mL。

（8）容量瓶：1 000 mL。

（9）马弗炉。

3. 参考标准

《化学试剂　标准滴定溶液的制备》（GB/T 601—2016）。

二、操作步骤

（1）配制0.1 mol/L盐酸标准滴定溶液：按表3－13的规定量，用吸量管吸取9 mL盐酸（36%~38%），用无二氧化碳蒸馏水定容至1 000 mL，摇匀。

表 3－13　配制不同浓度盐酸标准滴定溶液所需盐酸(36%~38%)的体积

盐酸标准滴定溶液的浓度[c(HCl)]/(mol/L)	盐酸溶液的体积 V/mL
1	90
0.5	45
0.1	9

(2) 标定 0.1 mol/L 盐酸标准滴定溶液：①将工作基准试剂无水碳酸钠在 270～300 ℃高温炉中灼烧至恒重。②按表 3－14 的规定称取恒重的无水碳酸钠 0.2 g(称量精确到 0.000 1 g，并记录其详细数值)，置于锥形瓶中，加 50 mL 水溶解，加 10 滴溴甲酚绿－甲基红指示剂溶液(3∶1)混匀备用。③酸式滴定管中装配制好的盐酸溶液，用其滴定至溶液由绿色变为暗红色，煮沸 2 min，冷却后继续滴定至溶液再呈暗红色。④按上述方法，至少做 4 个平行，同时做空白实验。

表 3－14　配制不同浓度盐酸标准滴定溶液所需无水碳酸钠的质量

盐酸标准滴定溶液的浓度[c(HCl)]/(mol/L)	工作基准试剂无水碳酸钠的质量 m/g
1	1.90
0.5	0.95
0.1	0.2

三、原始数据记录

HCl 标准溶液标定原始记录见表 3－15。

表 3－15　HCl 标准溶液标定原始记录

<table>
<tr><td colspan="3">药品名称</td><td>HCl 标准溶液</td><td>配制时间</td><td>年　月　日</td></tr>
<tr><td colspan="3">药品数量</td><td></td><td>温度</td><td></td></tr>
<tr><td colspan="3">执行标准</td><td>GB/T 601—2016</td><td>标定时间</td><td>年　月　日</td></tr>
<tr><td colspan="3">基准药品名称</td><td colspan="3">无水碳酸钠</td></tr>
<tr><td colspan="3">药品状态</td><td colspan="3"></td></tr>
<tr><td colspan="3">仪器、精度</td><td colspan="3">电子天平，±0.1 mg；50 mL 酸式滴定管，0.1 mL</td></tr>
<tr><td rowspan="7">标定实验</td><td colspan="5">化验员：</td></tr>
<tr><td>序号</td><td colspan="2">基准药品用量 m/g</td><td>消耗标准溶液量 V_1/mL</td><td>HCl 标准溶液的浓度/(mol/L)</td></tr>
<tr><td>1</td><td colspan="2"></td><td></td><td></td></tr>
<tr><td>2</td><td colspan="2"></td><td></td><td></td></tr>
<tr><td>3</td><td colspan="2"></td><td></td><td></td></tr>
<tr><td>4</td><td colspan="2"></td><td></td><td></td></tr>
<tr><td>5</td><td colspan="4">空白 V_2：</td></tr>
</table>

续表

HCl 标准溶液的平均浓度/(moL/L)	

化验员：　　　　　　　　　　　　　　　　　　　校核：

四、结果计算

盐酸标准滴定溶液的浓度 $c(\mathrm{HCl})$，数值以 mol/L 表示，按式(3-2)计算：

$$c(\mathrm{HCl}) = \frac{m \times 1\,000}{(V_1 - V_2)M} \tag{3-2}$$

式中 m——无水碳酸钠质量的准确数值，g；

V_1——盐酸溶液体积的数值，mL；

V_2——空白实验盐酸溶液体积的数值，mL；

M——无水碳酸钠的摩尔质量的数值，g/mol[($M(Na_2CO_3)$=52.994]。

五、注意事项

(1) 标定时，一般采用小份标定。在标准溶液浓度较稀(如0.01 mol/L)，基准物质摩尔质量较小时，若采用小份则称样误差较大，可采用大份标定，即稀释法标定。

(2) 无水碳酸钠标定 HCl 溶液，在接近终点时，应剧烈摇动锥形瓶加速 H_2CO_3 分解；或将溶液加热至沸，以赶出 CO_2，冷却后再滴定至终点。

课堂习题

(1) 标定 HCl 溶液常用的基准物是＿＿＿＿＿＿，指示剂是＿＿＿＿＿＿。该基准物的烘干温度是＿＿＿＿＿＿，烘干设备是＿＿＿＿＿＿。

(2) 配制 HCl 溶液时，吸取浓盐酸应在＿＿＿＿＿＿＿＿＿＿中进行，因为 HCl 溶液有＿＿＿＿＿＿＿＿＿＿性。

(3) 标定 HCl 溶液时，先用＿＿＿＿＿＿滴定溶液由＿＿＿＿＿色变为＿＿＿＿＿＿色，然后煮沸＿＿＿＿＿＿min，继续滴定，溶液变为＿＿＿＿＿＿为实验终点。

任务考核

配制与标定0.1 mol/L 盐酸标准滴定溶液操作标准及评分见表3-16。

表3-16　配制与标定0.1 mol/L 盐酸标准滴定溶液操作标准及评分

考核要素	评分要素	配分	评分标准		扣分	得分
基本操作	准备	20分	物品摆放	5分		
			仪器清洗	5分		
			滴定管、容量瓶试漏	10分		

续表

考核要素	评分要素	配分	评分标准		扣分	得分
基本操作	0.1 mol/L 盐酸标准滴定溶液的定容	15 分	吸量管吸取	5 分		
			定容	10 分		
			无水碳酸钠、水、指示剂的加入	5 分		
	标定	30 分	滴定操作	10 分		
			滴定终点	5 分		
			平行操作	5 分		
			空白操作	5 分		
文明操作	实验结果	20 分	数据记录	10 分		
			结果计算	10 分		
	统筹安排能力、工作态度	15 分	安全文明操作	5 分		
			操作后清理实验台，仪器、药品摆放整齐	5 分		
			完成时间符合要求	5 分		
总计						

技能点三　乙二胺四乙酸二钠标准滴定溶液的配制与标定

方法一

技能点三 乙二胺四乙酸二钠标准滴定溶液的配制与标定

一、工作准备

1. 试剂

（1）乙二胺四乙酸二钠(分析纯试剂)。

（2）氧化锌(基准试剂)。

（3）蒸馏水：三级水。

（4）盐酸溶液(20%)：量取 504 mL 盐酸，稀释至 1 000 mL[参考《化学试剂　试验方法中所用制剂及制品的制备》(GB/T 603—2002)]。

（5）氨水溶液(10%)：量取 400 mL 氨水，稀释至 1 000 mL[参考《化学试剂　试验方法中所用制剂及制品的制备》(GB/T 603—2002)]。

（6）氨－氯化铵缓冲溶液甲(pH≈10)：称取 54 g 氯化铵，溶于少量水，加 350 mL 氨水，稀释至 1 000 mL[参考《化学试剂　试验方法中所用制剂及制品的制备》(GB/T 603—2002)]。

（7）铬黑 T 指示液(5 g/L)：称取 0.5 g 铬黑 T 和 2 g 氯化羟胺(盐酸羟胺)，溶于乙醇(95%)，用乙醇(95%)稀释至 100 mL。临用前制备[参考《化学试剂　试验方法中所用制剂及制品的制备》(GB/T 603—2002)]。

2. 仪器

（1）干燥器。

（2）烧杯。

（3）玻璃棒。

（4）坩埚、坩埚夹。

（5）试剂瓶：100 mL。

（6）电子天平(感量0.000 1 g)。

（7）碱式滴定管：50 mL。

（8）容量瓶：1 000 mL。

（9）马弗炉。

3. 参考标准

《化学试剂　标准滴定溶液的制备》(GB/T 601—2016)。

二、操作步骤

（1）配制乙二胺四乙酸二钠标准滴定溶液：按表3－17的规定量称取乙二胺四乙酸二钠，加1 000 mL水，加热溶解，冷却，摇匀。

表3－17　配制不同浓度乙二胺四乙酸二钠标准滴定溶液所需溶质的质量

乙二胺四乙酸二钠标准滴定溶液的浓度[c(EDTA)]/(mol/L)	乙二胺四乙酸二钠的质量 m/g
0.1	40
0.05	20
0.02	8

（2）标定乙二胺四乙酸二钠标准滴定溶液[c(EDTA)＝0.1 mol/L，c(EDTA)＝0.05 mol/L]：按表3－18的规定量称取于(800±50)℃的高温炉中灼烧至恒量的工作基准试剂氧化锌，用少量水湿润，加2 mL盐酸溶液(20%)溶解，加100 mL水，用氨水溶液(10%)将溶液pH调至7～8，加10 mL氨－氯化铵缓冲溶液甲(pH约为10)及5滴铬黑T指示液(5 g/L)，用配制的乙二胺四乙酸二钠溶液滴定至溶液由紫色变为纯蓝色。同时做空白实验。

表3－18　标定乙二胺四乙酸二钠标准滴定溶液所需氧化锌的质量

乙二胺四乙酸二钠标准滴定溶液的浓度[c(EDTA)]/(mol/L)	工作基准试剂氧化锌的质量 m/g
0.1	0.3
0.05	0.15

（3）标定乙二胺四乙酸二钠标准滴定溶液[c(EDTA)＝0.02 mol/L]：称取0.42 g于(800±50)℃的高温炉中灼烧至恒重的工作基准试剂氧化锌，用少量水湿润，加3 mL盐酸溶液(20%)溶解，移入250 mL容量瓶中，稀释至刻度，摇匀。取35.00～40.00 mL该溶液，加70 mL水，用氨水溶液(10%)将溶液pH调至7～8，加10 mL氨－氯化铵缓冲溶液甲(pH约为10)及5滴铬黑T指示液(5 g/L)，用配制的乙二胺四乙酸二钠溶液滴定至溶

液由紫色变为纯蓝色。同时做空白实验。

三、原始数据记录

乙二胺四乙酸二钠标准溶液标定原始记录见表 3－19。

表 3－19　乙二胺四乙酸二钠标准溶液标定原始记录

化验员：　　　　　　　　　　　　　　　　校核：

<table>
<tr><td>药品名称</td><td colspan="2">乙二胺四乙酸二钠标准溶液</td><td>配制时间</td><td>年　月　日</td></tr>
<tr><td>药品数量</td><td colspan="2"></td><td>温度</td><td></td></tr>
<tr><td>执行标准</td><td colspan="2">GB/T 601—2016</td><td>标定时间</td><td>年　月　日</td></tr>
<tr><td>基准药品名称</td><td colspan="4">氧化锌</td></tr>
<tr><td>药品状态</td><td colspan="4"></td></tr>
<tr><td>仪器、精度</td><td colspan="4">电子天平，±0.1 mg；50 mL 碱式滴定管，0.1 mL</td></tr>
<tr><td rowspan="7">标定实验</td><td colspan="4">化验员：</td></tr>
<tr><td>序号</td><td>基准药品用量 m/g</td><td>消耗标准溶液量 V_1/mL</td><td>乙二胺四乙酸二钠标准溶液浓度/(mol/L)</td></tr>
<tr><td>1</td><td></td><td></td><td></td></tr>
<tr><td>2</td><td></td><td></td><td></td></tr>
<tr><td>3</td><td></td><td></td><td></td></tr>
<tr><td>4</td><td></td><td></td><td></td></tr>
<tr><td>5</td><td colspan="3">空白 V_2：</td></tr>
<tr><td>乙二胺四乙酸二钠标准溶液平均浓度/(moL/L)</td><td colspan="4"></td></tr>
</table>

四、结果计算

乙二胺四乙酸二钠标准滴定溶液的浓度[c(EDTA)＝0.1 mol/L，c(EDTA)＝0.05 mol/L]，数值以 mol/L 表示，按式(3－3)计算：

$$c(\mathrm{EDTA})=\frac{m\times 1\,000}{(V_1-V_2)\times M} \qquad (3-3)$$

式中　m——氧化锌质量的准确数值，g；

V_1——乙二胺四乙酸二钠溶液体积的数值，mL；

V_2——空白实验消耗乙二胺四乙酸二钠溶液体积的数值，mL；

M——氧化锌的摩尔质量的数值，g/mol[$M(\mathrm{ZnO})=81.408$]。

乙二胺四乙酸二钠标准滴定溶液的浓度[c(EDTA)＝0.02 mol/L]，数值以摩尔每升

(mol/L)表示，按式(3-4)计算：

$$c(\mathrm{EDTA})=\frac{m\times\left(\frac{V_1}{250}\right)\times 1\,000}{(V_2-V_3)\times M} \tag{3-4}$$

式中 m——氧化锌质量的准确数值，g；

V_1——氧化锌溶液体积的数值，mL；

V_2——乙二胺四乙酸二钠溶液体积的数值，mL；

V_3——空白实验消耗乙二胺四乙酸二钠溶液体积的数值，mL；

M——氧化锌的摩尔质量的数值，g/mol[$M(\mathrm{ZnO})=81.408$]。

方法二

一、工作准备

1. 试剂

(1) 乙二胺四乙酸二钠(基准试剂)。

(2) 硝酸镁(分析纯试剂)。

(3) 蒸馏水：三级水。

2. 仪器

(1) 硝酸镁饱和溶液恒湿器。

(2) 烧杯。

(3) 玻璃棒。

(4) 容量瓶：1 000 mL。

(5) 试剂瓶：1 000 mL。

(6) 电子天平(感量0.000 1 g)。

3. 参考标准

《化学试剂　标准滴定溶液的制备》(GB/T 601—2016)。

二、操作步骤

(1) 将适量工作基准试剂乙二胺四乙酸二钠放于硝酸镁饱和溶液恒湿器中，放置7 d。

(2) 按表3-20的规定量，称取经过恒湿后的工作基准试剂乙二胺四乙酸二钠，溶于热水中，冷却至室温，移入1 000 mL容量瓶中，稀释至刻度。

表3-20　配制不同浓度乙二胺四乙酸二钠标准滴定溶液所需溶质的质量

乙二胺四乙酸二钠标准滴定溶液的浓度 $c(\mathrm{EDTA})/(\mathrm{mol/L})$	工作基准试剂乙二胺四乙酸二钠的质量 m/g
0.1	37.22±0.50
0.05	18.61±0.50
0.02	7.44±0.30

三、原始数据记录

乙二胺四乙酸二钠标准溶液配制原始记录见表3－21。

表3－21　乙二胺四乙酸二钠标准溶液配制原始记录

<table>
<tr><td>药品名称</td><td>乙二胺四乙酸二钠标准溶液</td><td>配制时间</td><td>年　月　日</td></tr>
<tr><td>药品数量</td><td></td><td>温度</td><td></td></tr>
<tr><td>执行标准</td><td>GB/T 601—2016</td><td>标定时间</td><td>年　月　日</td></tr>
<tr><td>基准药品名称</td><td colspan="3">乙二胺四乙酸二钠</td></tr>
<tr><td>药品状态</td><td colspan="3"></td></tr>
<tr><td>仪器、精度</td><td colspan="3">电子天平，±0.1 mg；50 mL碱式滴定管，0.1 mL</td></tr>
<tr><td rowspan="3">配制</td><td colspan="3">化验员：</td></tr>
<tr><td>基准试剂用量 m/g</td><td colspan="2">乙二胺四乙酸二钠标准溶液浓度/(mol/L)</td></tr>
<tr><td></td><td colspan="2"></td></tr>
</table>

化验员：　　　　　　　　　　　　　　　　校核：

四、结果计算

乙二胺四乙酸二钠标准滴定溶液的浓度[c(EDTA)]，数值以mol/L表示，按式(3－5)计算：

$$c(\mathrm{EDTA})=\frac{m\times 1\,000}{V\times M} \tag{3-5}$$

式中　m——乙二胺四乙酸二钠质量的准确数值，g；

V——乙二胺四乙酸二钠溶液体积的数值，mL；

M——乙二胺四乙酸二钠的摩尔质量的数值，g/mol[M(EDTA)＝372.24]。

五、注意事项

(1) 储藏时，置玻璃塞瓶中，避免与橡胶塞、橡胶管等接触。

(2) 无水碳酸钠标定HCl溶液，在接近终点时，应剧烈摇动锥形瓶加速H_2CO_3分解；或将溶液加热至沸，以赶出CO_2，冷却后再滴定至终点。

课堂习题

1. 标定乙二胺四乙酸二钠溶液常用的基准物是________，指示剂是________。

2. 乙二胺四乙酸________溶于水，而乙二胺四乙酸二钠________溶于水，故EDTA标准溶液多用________配制。

3. 标定乙二胺四乙酸二钠溶液时用的缓冲溶液pH为________。

任务考核

配制与标定0.1 mol/L乙二胺四乙酸二钠标准滴定溶液操作标准及评分见表3－22。

表3－22　配制与标定0.1 mol/L乙二胺四乙酸二钠标准滴定溶液操作标准及评分

<table>
<tr><th>考核要素</th><th>评分要素</th><th>配分</th><th colspan="2">评分标准</th><th>扣分</th><th>得分</th></tr>
<tr><td rowspan="10">基本操作</td><td rowspan="3">准备</td><td rowspan="3">20分</td><td>物品摆放</td><td>5分</td><td></td><td></td></tr>
<tr><td>仪器清洗</td><td>5分</td><td></td><td></td></tr>
<tr><td>滴定管、容量瓶试漏</td><td>10分</td><td></td><td></td></tr>
<tr><td rowspan="2">0.1 mol/L乙二胺四乙酸二钠标准滴定溶液的定容</td><td rowspan="2">15分</td><td>吸量管吸取</td><td>5分</td><td></td><td></td></tr>
<tr><td>定容</td><td>10分</td><td></td><td></td></tr>
<tr><td rowspan="5">标定</td><td rowspan="5">30分</td><td>氧化锌、水、指示剂的加入</td><td>5分</td><td></td><td></td></tr>
<tr><td>滴定操作</td><td>10分</td><td></td><td></td></tr>
<tr><td>滴定终点</td><td>5分</td><td></td><td></td></tr>
<tr><td>平行操作</td><td>5分</td><td></td><td></td></tr>
<tr><td>空白操作</td><td>5分</td><td></td><td></td></tr>
<tr><td rowspan="5">文明操作</td><td rowspan="2">实验结果</td><td rowspan="2">20分</td><td>数据记录</td><td>10分</td><td></td><td></td></tr>
<tr><td>结果计算</td><td>10分</td><td></td><td></td></tr>
<tr><td rowspan="3">统筹安排能力、工作态度</td><td rowspan="3">15分</td><td>安全文明操作</td><td>5分</td><td></td><td></td></tr>
<tr><td>操作后清理实验台，仪器、药品摆放整齐</td><td>5分</td><td></td><td></td></tr>
<tr><td>完成时间符合要求</td><td>5分</td><td></td><td></td></tr>
<tr><td colspan="5">总计</td><td colspan="2"></td></tr>
</table>

项目四　检验样品的采集、制备与预处理

任务一　采集试样

学习目标

（1）查阅试样采集的相关资料，熟悉试样采集的方法及注意事项。

（2）练习采集试样，归纳、总结不同样品的正确采样步骤。

技能目标

（1）了解试样采集的一般要求及注意事项。

（2）能正确对不同样品进行采样。

（3）掌握采样的一般方法。

职业素养

（1）提升团队协作意识，提高与人交流、合作的能力，培养主动参与、积极进取、探究科学的学习态度。

（2）获得一丝不苟、坚持不懈的毅力品质。

（3）形成细致严谨的工作作风，养成吃苦耐劳的优良品质。

知识点　采样

食品分析检验的第一步就是样品的采集，即从大量的分析对象中抽取有代表性的一部分作为分析材料（分析样品），简称采样。

知识点　采样

采样是一种困难且需要非常谨慎的操作过程。不同的食品具有不同的质地、不同形状，即便是同一类产品要从一大批被测产品中，采集到能代表整批被测物质的小质量样品，因为品种、产地、成熟期、加工条件或保藏方法的不同，其成分含量也有明显的不同。采样必须用科学的方法，遵守一定的规则，

并防止在采样过程中，造成某种成分的损失或外来成分的污染，否则即便是操作再细心、分析再精确，都不能准确地反映被检对象的真实情况，甚至会出现错误的结论。

一、食品采样的原则

(1) 采集的样品必须具有代表性。

(2) 采样方法必须与分析目的保持一致。

(3) 采样及样品制备过程中应设法保持原有的理化指标，避免待测组分发生化学变化或丢失。

(4) 要防止和避免待测组分被沾污。

(5) 样品的处理过程尽可能简单易行，所用样品处理装置的尺寸应当与处理的样品量相适应。

采样之前，对样品的环境和现场进行充分的调查是必要的，需要弄清的问题如下。

(1) 采样的地点和现场条件如何。

(2) 样品中的主要组分是什么，含量范围如何。

(3) 采样完成后要做哪些分析测定项目。

(4) 样品中可能存在的物质组成是什么。

样品采集是分析工作中的重要环节，不合适的或非专业的采样会使可靠正确的测定方法得出错误的结果。

二、食品采样的步骤

食品采样一般分为 5 步进行。

(1) 获得检样：由分析对象大批样品的各个部分采集的少量样品称为检样。

(2) 得到原始样品：许多份被检样品混合在一起称为原始样品。

(3) 获得平均样品：原始样品经过技术处理，再抽取其中的一部分供分析检验的样品称为平均样品。

(4) 平均样品分为 3 份：将平均样品分为 3 份，分别为检验样品、复检样品和保留样品。

(5) 填写采样记录：包括采样单位、地址、日期、样品的批号、采样条件、采样时的包装情况、数量、要求检验的项目及采样人等。

三、食品采样的一般方法

食品的采样有随机抽样和代表性取样两种方法。随机抽样，即按照随机原则，从大批物料中抽取部分样品。操作时，应使所有物料的各个部分都有被抽到的机会。代表性取样，是用系统抽样法进行采样，根据样品随空间(位置)、时间变化的规律，采集能代表其相应部分的组成和质量的样品，如分层取样、随生产过程流动定时取样、按组批取样、定期抽取货架商品取样等。

随机取样可以避免人为倾向，但是，对不均匀样品，仅用随机抽样法是不够的，必须结合代表性取样，从有代表性的各个部分分别取样，才能保证样品的代表性。具体的取样方法，因分析对象的性质而异。

(1) 散粒状样品(粮食及粉状食品等)：用双套回转取样管取样，每一包装须由上、中、下三层取出3份检样，整批的所有的检样混合为原始样品。用四分法缩分原始样品至所需数量为止，即得平均样品。

(2) 稠的半固体样品：用采样器从上、中、下层分别取出检样，然后混合缩减至所需数量的平均样品。

(3) 液体样品：一般采用虹吸法分层取样，每层各取500 mL左右，装入小口瓶中混匀。也可用长形管或特制采样器采样(采样前须充分混合均匀)。

(4) 鱼、肉、菜等组成不均匀样品：视检验目的，可由被检物有代表性的各部分(肌肉、脂肪，蔬菜的根、茎、叶等)分别采样，经充分打碎、混合后成为平均样品。

(5) 小包装的食品：按班次或批号连同包装一起采样，如小包装外还有大包装，先从不同堆放部位得到一定量大包装，再从每件中抽取小包装，最后缩减到所需数量。

四、食品采样数量

采样数量能反映该食品的营养成分和卫生质量，并满足检验项目对样品量的需要，送检样品应为可食部分食品，约为检验需要量的4倍，通常为一套3份，每份不少于0.5～1 kg，分别供检验、复检和仲裁使用。同一批号的完整小包装食品，250 kg以上的包装不得少于6个，250 kg以下的包装不得少于10个。

五、采样要求与注意事项

为保证采样的公正性和严肃性，确保分析数据的可靠，国家标准《食品卫生检验方法　理化部分　总则》(GB/T 5009.1—2003)对采样过程提出了以下要求，对于非商品检验场合，也可提供参考。

(1) 采样应注意样品的生产日期、批号、代表性和均匀性(掺伪食品和食物中毒样品除外)，采集的数量应能反映该食品的卫生质量和满足检验项目对样品量的需要，一式3份，供检验、复验、备查或仲裁用，一般散装样品每份不少于0.5 kg。

(2) 采样容器根据检验项目，选用硬质玻璃瓶或聚乙烯制品。

(3) 液体、半流体饮食品如植物油、鲜乳、酒或其他饮料，如用大桶或大罐盛装，应先充分混匀后再采样。样品应分别盛放在3个干净的容器中。

(4) 粮食及固体食品应自每批食品上、中、下3层中的不同部位分别采取部分样品，混合后按四分法对角采样，再进行几次混合，最后取有代表性的样品。

(5) 肉类、水产等食品应按分析项目要求分别采取不同部位的样品或混合后采样。

(6) 罐头、瓶装食品或其他小包装食品，应按照批号随机取样，同一批号取样件数，250 g以上的包装不得少于6个，250 g以下的包装不得少于10个。

(7) 掺伪食品和食物中毒的样品采样，要具有典型性。

(8) 检验后的样品保存：一般样品在检验结束后应保留一个月，以备需要时复检。易变质食品不予保留。保存时应加封并尽量保持原状。检验取样一般皆指取可食部分，以所检验的样品计算。

(9) 感官不合格产品不必进行理化检验，直接判为不合格产品。

课堂习题

一、填空题

(1) 采集的样品必须具有________性。

(2) 微生物检测项目采样必须注意________。

(3) 将平均样品分为3份，分别为________样品、________样品和________样品。

(4) 食品的采样有________和________两种方法。

(5) 送检样品应为________部分食品，约为检验需要量的________倍，通常为一套________份，每份不少于0.5~1 kg，分别供________、________和________使用。

(6) 感官不合格产品直接判为________产品。

二、简答题

(1) 采样的基本原则有哪些?

(2) 简述微生物检测项目采样的基本方法及注意事项。

技能点一　采样(以大包装液体食品采样为例)

一、工作准备

镊子、剪子、刀子、开罐器、尖嘴钳、吸管、吸耳球、量筒(杯)等。

技能点一　采样

微生物检测采样需要消毒棉签、无菌棉拭子、采样管、一次性注射器、无菌采样容器、无菌采样袋、乳胶手套、酒精灯、75%酒精棉球、无菌生理盐水、消毒纱布、记号笔、不干胶标签、火柴、样品冷藏运输设备等。

二、操作步骤

1. 理化样品采样方法

采样前摇动或搅拌液体，尽量使其达到均质。采样前应先将采样用具浸入液体内略加漂洗，然后取所需量的样品；取样量不应超过容器量的3/4，以便于检验前将样品摇匀。大包装食品常用铁桶或塑料桶盛装，容器不透明，很难看清楚容器内物质的实际情况。采样前，应先将容器盖子打开，用采样管直通容器底部，将液体吸出，置于透明的玻璃容器内，作现场感官检查。检查液体是否均一，有无杂质和异味，然后将这些液体充分搅拌均匀，装入样本容器内。

2. 微生物样品采样方法

微生物样品种类可分为大样、中样、小样3种。大样是指一整批，中样是从样品各部分取得的混合样品，小样是指检测用的检样。微生物检测用的样本及不能冷藏保存的样本原则上不复检、不留样。

(1) 微生物采样必须遵循无菌操作原则。预先准备好的消毒采样工具和容器只有在采样时方可打开，采样时最好两人操作，一人负责取样，另一人协助打开采样瓶、包装和封口；尽量从未开封的包装内取样。

(2) 采样前，操作人员先用75%酒精棉球消毒手，再用75%酒精棉球将采样开口处周围抹擦消毒，然后将容器打开。

(3) 用灭菌玻璃棒搅拌均匀，有瓶塞的用75%酒精棉球将采样开口处周围抹擦消毒，然后打开塞，先将内容物倒出一些后，再用灭菌容器接取样品，在酒精灯火焰上端高温区封口。散装液体样品通过振摇混匀用灭菌玻璃吸管采样。样品取出后，将其装入灭菌样品容器，在酒精灯上用火焰消毒后加盖密封。

3. 样品签封和编号

采样完毕整理好现场后，将采好的样品分别盛装在容器或牢固的包装内，在容器盖接处或包装上进行签封，明确标记品名、来源、数量、采样地点、采样人、采样日期等内容。如样品较少，应在每件样品上进行编号，注意编号应与采样记录上的样品名称或编号相符。

三、操作要点

(1) 无菌操作(微生物检验项目)。

(2) 充分混匀。

(3) 有代表性。

课堂习题

一、填空题

(1) 液体样品采样时，取样量不应超过其容积的________。

(2) 微生物样品的种类可分为________、________、________3种。

(3) 微生物检测用的样本及不能冷藏保存的样品在原则上不________、不________。

(4) 采样时最好________个人操作。

二、判断题

(1) 大包装食品常用铁桶或塑料桶，容器不透明，很难看清楚容器内物质的实际情况。采样前，应先将容器盖子打开，用采样管直通容器底部，将液体吸出，置于透明的玻璃容器内，做现场感官检查。(　　)

(2) 采样前，操作人员先用95%酒精棉球消毒手，再用95%酒精棉球将采样开口处周围抹擦消毒，然后将容器打开。(　　)

任务考核

采样操作标准及评分见表4-1。

表4-1　采样操作标准及评分

考核要素	评分要素	配分	评分标准		扣分	得分
基本操作	准备	25分	准备所需物品	15分		
			着装	10分		

续表

考核要素	评分要素	配分	评分标准		扣分	得分
基本操作	采样	60分	检查样品	5分		
			采样前处理	10分		
			采样量的确定	15分		
			采样方法的选择	15分		
			样品签封	5分		
			样品编号	5分		
			填写样品信息	5分		
	统筹安排能力、工作态度	15分	整体安排	10分		
			完成时间符合要求	5分		
总计						

技能点二　采样单的设计与填写

技能点二　采样单的设计与填写

采样完毕后，需立即填写采样单。采样记录应采用固定格式采样文本，内容应包括采样目的、被采样单位名称、采样地点、样本名称、编号、被采样产品产地、商标、数量、生产日期、批号或编号、样本状态、被采样产品数量、包装类型及规格、感官所见(有包装的食品包装有无破损、变形、受污染，无包装的食品外观有无发霉变质、生虫、污染等)、采样方式、采样现场环境条件(包括温度、湿度及一般卫生状况)、采样日期、采样单位(盖章)或采样人(签字)、被采样单位负责人签字。采样记录一式两份，一份交被采样单位，一份由采样单位保存。食品采样单模板见表4－2。

表4－2　食品采样单模板

被抽检单位：＿＿＿＿＿＿＿　地址：＿＿＿＿＿＿＿

采样地点：＿＿＿＿＿＿＿　采样日期：＿＿＿＿＿＿＿

样品编号：

样品编号	样品名称	数量	规格	包装状况或存储条件	生产日期或批号	生产或进口代理商	备注
检验项目：1. 微生物检测：细菌总数□大肠菌群□志贺氏菌□沙门氏菌□霉菌□金黄色葡萄球菌□溶血性链球菌□ 2. 理化检测：铅□总砷□酸价□过氧化值□ 3. 其他：							
被监测单位陪同人：＿＿＿＿　年　月　日　采样人：＿＿＿＿　年　月　日 送样人：＿＿＿＿　年　月　日　收样人：＿＿＿＿　年　月　日							
备注：此单一式两份，送检单位一份，承检机构一份。							

课堂习题

一、填空题

(1) 采样记录一式两份，一份交________，一份由________保存。

(2) 采样现场环境条件包括________、________及________等。

二、简答题

采样单的基本内容包括哪些？

任务二　制备与保存样品

学习目标

(1) 查阅样品制备与保存的相关资料，熟悉样品制备与保存的方法及注意事项。

(2) 练习样品制备与保存，归纳、总结不同性状样品的正确制备与保存方法。

技能目标

(1) 了解不同性状样品制备与保存的一般要求及注意事项。

(2) 能正确对不同性状样品进行制备与保存。

(3) 掌握常见样品的制备与保存方法。

职业素养

(1) 形成发现问题、分析问题、解决问题的思维方式。

(2) 提高节约环保意识，形成“6S”管理理念。

(3) 树立规范操作的实验安全意识。

知识点一　食品样品的制备

食品样品的制备是指为了确保分析的准确性，将得到的大量质地、组成不均匀的样品进行粉碎、混匀、缩分的过程，具体方法因产品类型而不同。

知识点一
食品样品的制备

(1) 液体、浆体或悬浮液体、互不相溶的液体：常用搅拌棒、电动搅拌器，将样品充分摇动或搅拌均匀。

(2) 固体样品：常用绞肉机、磨粉机、研钵等，切细、捣碎、反复研磨或用其他方法研细。

(3) 水果及其他罐头：捣碎前须清除果核。肉、禽罐头、鱼类罐头须将调味品(葱、辣椒等)分出后再用高速组织捣碎机等捣碎。

(4) 鱼类：洗净去鳞后去除肌肉部分，置纱布上控水至 1 min 内纱布不滴水，切细混匀取样。若量大，则以四分法缩分留样。备用样品储于玻璃样品瓶中，置冰箱保存。

(5) 贝类和甲壳类：洗净取可食部分(贝类需含壳内汁液)。蛤、蚬经速冻后，连屑挖出，切细混匀取样，备用样品储于玻璃样品瓶中，置冰箱保存。

食品样品制备时要避免易挥发性物质的逸散，防止样品理化成分的改变，对进行微生物检测的样品需要进行无菌操作。

课堂习题

一、填空题

(1) 制备互不相溶的液体样品时，应该将样品________。

(2) 食品样品制备时要避免________的逸散，防止样品________的改变，对进行微生物检测的样品需要________。

(3) 肉、禽罐头、鱼类罐头须将调味品(葱、辣椒等)________后再捣碎。

二、简答题

制备样品时应该注意哪些事项?

知识点二　食品样品的运输与保存

知识点二
食品样品的
运输与保存

采集的食品样品应在短时间内进行分析，以防止水分及其他易挥发的成分逸散，同时预防待测成分的变化。

(1) 采样结束后应尽快将样品检验或送往留样室，需要复检的应送往实验室。

(2) 疑似急性细菌性食物中毒样品应无菌采样后立即送检，一般不超过 4 h；气温高时应将备检样品置冷藏设备内冷藏运送，不得加入防腐剂。

(3) 需要冷藏的食品，应采用冷藏设备在 0～5 ℃冷藏运输和保存，不具备冷藏条件时，食品可放在常温冷暗处，样品保存一般不超过 36 h(微生物项目常温不得超过 4 h)

(4) 采集的冷冻和易腐食品，应置冰箱或在包装容器内加适量的冷却剂或冷冻剂保存和运送。为保证途中样品不升温或不融化，必要时可于途中补加冷却剂或冷冻剂。

(5) 食品标签应标明食品的存放、运输条件，采集样品的存放、运输条件要与之相符，如酸乳标识说明要冷藏，样品的运送及复检样品的保存都要做到冷藏。

(6) 需做微生物检测的样品，保存和运送的原则是应保证样品中微生物状态不发生变化。微生物检测用的样品及不能冷藏保存的样品原则上不复检、不留样。采用快速检测方法检测出的超标样品，应随即采用国家标准方法进行确认。检测不合格的样品，要及时通知被采样单位和生产企业。处理样品时，禁止将有毒有害液体样品直接倒入下水道。

(7) 采集的样品注意应在保质期内，尽量抽取保质期在 3 个月以上的产品(保质期限不足 3 个月的除外)。留样和需要确证的样品，按产品说明书要求存放，期限为检测结果出示后 3 个月。对餐饮业要求凉菜 48 h 留样。

（8）样品保存要保持样品原有状态，样品应尽量从原包装中采集，不要从已开启的包装内采集。从散装或大包装内采集的样品如果是干燥的，应保存在干燥清洁的容器内，不要同有异味的样品一同保存。

（9）根据检验样品的性状及检验的目的不同而选择不同的容器保存样品，一个容器装量不可过多，尤其液态样品不可超过容量的80%，以防冻结时容器破裂。装入样品后必须加盖，然后用胶布或封箱胶带固封，如是液态样品，在胶布或封箱胶带外还须用融化的石蜡加封，以防液体外泄。如果选用塑料袋，则应用两层袋分别封口，防止液体流出。

（10）特殊样品要在现场进行处理，如作霉菌检验的样品，要保持湿润，可放在1%甲醛溶液中保存，也可储存在5%乙醇溶液或稀乙酸溶液里。

课堂习题

一、填空题

（1）采样结束后应尽快将样品检验或送往留样室，需要复检的应送往________。

（2）疑似急性细菌性食物中毒样品应无菌采样后立即送检，一般不超过________h。

（3）微生物检测用的样本及不能冷藏保存的样本原则上不________、不________。

（4）需要冷藏的食品，应采用冷藏设备在________℃冷藏运输和保存。

（5）留样和需要确证的样品，按产品说明书要求存放，期限为检测结果出示后________个月。对餐饮业要求凉菜________h留样。

二、简答题

需做微生物检测的样品应该如何保存？有哪些注意事项？

任务三　预处理样品

学习目标

（1）查阅样品预处理的相关资料，熟悉样品预处理的方法及注意事项。

（2）练习样品预处理，归纳、总结不同性状样品的正确预处理方法。

技能目标

（1）了解不同性状样品预处理的一般要求及注意事项。

（2）熟悉样品预处理的目的。

（3）能正确对不同性状样品进行预处理。

（4）掌握常见样品的预处理方法。

职业素养

（1）养成严谨的科学态度，培养良好的职业道德。

(2) 树立团结合作意识，提升责任担当、吃苦耐劳、爱岗敬业的精神。

(3) 提升“敢闯会创”的创新精神、善于解决问题的实践能力，树立规范意识、安全意识和绿色发展的环保意识。

知识点　样品预处理的目的、要求及方法

样品预处理是指样品的制备和对样品中待测组分进行提取、净化、浓缩的过程。样品经预处理后再进行定性、定量分析检测。样品预处理的目的是消除基质干扰，保护仪器，提高方法的准确度、选择性和灵敏度。

知识点　样品预处理的目的、要求及方法

由于食品的多样性，预处理方法还需操作者灵活掌握。从处理技术的复杂性来看，包括样品整理、清洗、匀化和缩分等。样品预处理的方法依据法规要求的不同和食品本身特性的差异而不同。

一、传统的预处理技术

1. 有机物破坏法

食品中的无机元素常与食品中的有机物质结合，形成难溶、难离解的化合物。另外，食品中的有机物往往对无机元素的测定产生干扰。因此，测定这些无机元素时，必须首先破坏有机结合体，将被测组分释放出来。根据具体操作不同，有机物破坏法又分为干法和湿法两大类。

干法灰化通过高温灼烧将有机物破坏，除汞以外的大多数金属元素和部分非金属元素的测定均可采用此法。具体操作是将一定量的样品置于坩埚中加热，使有机物脱水、炭化、分解、氧化，再于高温电炉中(500～550 ℃)灼烧灰分，残灰应为白色或浅灰色。所得残渣即为无机成分，可供测定用。干法的特点是分解彻底，操作简便，使用试剂少，空白值低；但操作时间长，温度高，尤其对汞、砷、锑、铅易造成挥散损失。对有些元素的测定必要时可加助灰化剂。

湿法消化是在酸性溶液中，向样品加入强氧化剂(如 H_2SO_4、HNO_3、H_2O_2、$KMnO_4$ 等)并加热消化，使有机物质完全分解、氧化，呈气态逸出，待测组分转化成无机状态存在于消化液中，供测试用。湿法的特点是分解速度快，时间短，因加热温度较干法低，减少了金属挥发逸散的损失；但在消化过程中产生大量有害气体，需在通风橱中操作，试剂用量较大，空白值高。

2. 溶剂提取法

在同一溶剂中，不同的物质具有不同的溶解度，利用样品各组分在某一溶剂中溶解度的差异，将各组分完全或部分地分离的方法，称为溶剂提取法。常用的无机溶剂有水、稀酸、稀碱；有机溶剂有乙醇、乙醚、氯仿、丙酮、石油醚等。在食品检测中常用于维生素、重金属、农药及黄曲霉毒素的测定。溶剂提取法又分为浸提法、溶剂萃取法。

(1) 浸提法。用适当的溶剂将固体样品中的某种被测组分浸取出来称浸提法，也称

液－固萃取法。

①提取剂的选择。提取剂应根据被提取物的性质来选择，对被测组分的溶解度应最大，对杂质的溶解度应最小；提取效果符合相似相溶的原则，故应根据被提取物的极性强弱选择提取剂。对极性较弱的成分(如有机氯农药)，可用极性小的成分(如正己烷、石油醚)提取；对极性强的成分(如黄曲霉毒素 B_1)，可用极性大的溶剂(如甲醇与水的混合溶液)提取。溶剂沸点在 45～80 ℃，沸点太低易挥发，沸点太高则不易浓缩，且对热稳定性的被提取成分也不利。此外，提取剂要稳定，不与样品发生作用。

②提取方法。振荡浸渍法是将切碎的样品放入一合适的溶剂系统中浸渍、振荡一定时间，即可从样品中提取出被测成分的方法。此法简便易行，但回收率较低。捣碎法是将切碎的样品放入捣碎机中，加入溶剂，捣碎一定时间，被测成分被溶剂提取的方法。此法回收率较高，但干扰杂质溶出较多。索氏提取法是将一定量样品放入索氏抽提器中，加入溶剂，加热回流一定时间，被测组分被溶剂提取的方法。此法溶剂用量少、提取完全、回收率高，但操作较麻烦，且需专用的索氏抽提器。

(2) 溶剂萃取法。利用适当的溶剂(常为有机溶剂)将液体样品中的被测组分(或杂质)提取出来称为溶剂萃取法。其原理是被提取的部分在两互不相溶的溶剂中分配系数不同，从一相转移到另一相中而与其他组分分离。此法操作简单、快速、分离效果好，使用广泛，但萃取试剂易挥发、易燃、有毒性。

①萃取剂的选择。萃取用溶剂与原来溶剂不互溶，即被测组分在萃取溶剂中有最大的分配系数，经萃取后，被测组分进入萃取溶剂中，同仍留在原溶剂中的杂质分离开。

②萃取方法。萃取通常在分液漏斗中进行，一般需经 4～5 次萃取，才能达到完全分离的目的。如果用较水轻的溶剂，从水溶液中提取分配系数小或振荡后易乳化的物质，可采用连续液体萃取器，如图 4－1 所示。

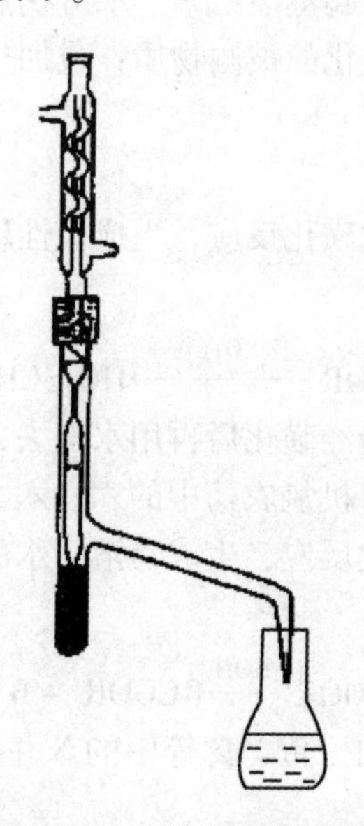

图 4－1　连续液体萃取器

3. *蒸馏法*

蒸馏法是利用液体混合物中各组分挥发度不同进行分离的方法。蒸馏法可用于除去干扰组分，也可用于将待测组分蒸馏逸出，收集馏出液进行分析。根据被测组分性质不同，蒸馏方式有常压蒸馏、减压蒸馏、水蒸气蒸馏。

（1）常压蒸馏。对于被蒸馏物质受热后不发生分解或沸点不太高的样品，可采用常压蒸馏。加热方式可根据被蒸馏物质的沸点和特性选择水浴、油浴或直接加热。常压蒸馏装置如图 4－2 所示。

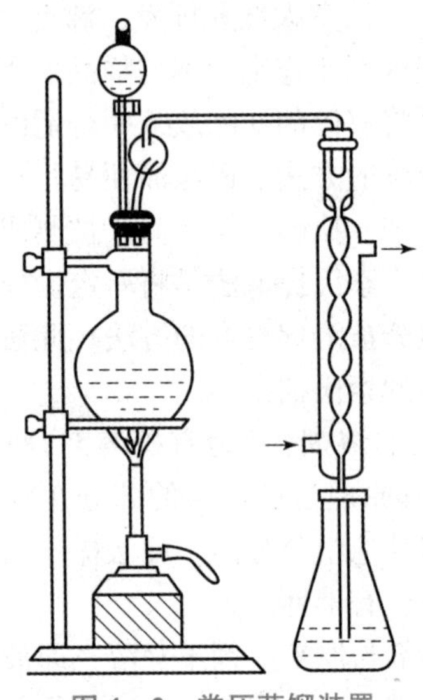

图 4－2　常压蒸馏装置

（2）减压蒸馏。若待蒸馏物质易分解或沸点太高，可采用减压蒸馏的方式。

（3）水蒸气蒸馏。水蒸气蒸馏是用水蒸气来加热混合液体，使具有一定挥发度的被测组分与水蒸气成比例地自溶液中一起蒸馏出来。水蒸气蒸馏可用于沸点较高，直接加热蒸馏时，因受热不均匀易引起局部炭化的被测物质；或加热到沸点时可能发生分解的物质。

4. 化学分离法

（1）磺化法和皂化法。

①磺化法。油脂与浓硫酸发生磺化反应，生成极性较大、易溶于水的磺化产物，其反应式为

$$CH_3(CH_2)_nCOOR \xrightarrow{H_2SO_4(浓)} HO_3SCH_2(CH_2)_nCOOR$$

利用这一反应，样品中的油脂经磺化后再用水洗去，即磺化净化法。磺化法适用于强酸介质中的稳定农药的测定，如有机氯农药中的六六六、DDT，回收率在 80% 以上。

②皂化法。脂肪与碱发生皂化反应，生成易溶于水的羧酸盐和醇，可除去脂肪，其反应式为

$$RCOOR' \xrightarrow{KOH} RCOOR' + R'OH$$

例如，荧光分光光度法测定肉、鱼、禽等中的苯并[a]芘，在样品中加入氢氧化钾溶液，回流皂化，以除去脂肪。

（2）沉淀分离法。沉淀分离法是利用沉淀反应进行分离的方法。在试样中加入适当的沉淀剂，使被测组分或干扰组分沉淀下来，从而达到分离的目的。例如，测定冷饮中糖精钠含量时，可在试液中加入碱性硫酸铜，将蛋白质等干扰杂质沉淀下来，而糖精钠仍留在

试液中，经过滤除去沉淀后，取滤液进行分析。

(3) 掩蔽法。此法是利用掩蔽剂与样液中干扰成分作用，使干扰成分转变为不干扰测定状态，即被掩蔽起来。运用这种方法可以不经过分离干扰成分的操作而消除其干扰作用，简化分析步骤，因而这种方法在食品分析中应用十分广泛，常用于金属元素的测定。例如，用二硫腙比色法测定铅时，在测定条件(pH 为 9)下，Cu^{2+}、Cd^{2+}等对测定有干扰。可加入氰化钾和柠檬酸铵掩蔽，以消除它们的干扰。

5. 色层分离法

色层分离法是将样品中待测组分在载体上进行分离的一系列方法，又称色谱分离法。根据其分离原理不同，分为吸附色谱分离、分配色谱分离和离子交换色谱分离等。

6. 浓缩

样品经提取、净化后，有时样液体积过大，因此在测定前需进行浓缩，以提高被测组分的浓度，常用的有常压浓缩法和减压浓缩法两种。

(1) 常压浓缩法主要用于被测组分为非挥发性的样品试液的浓缩，通常采用蒸发皿直接挥发。如要回收溶剂，可采用普通蒸馏装置或旋转蒸发器等，该法简便、快速，是常用的方法。

(2) 减压浓缩法主要用于被测组分为对热不稳定或易挥发的样品的浓缩，通常采用 K－D 浓缩器。样品浓缩时，水浴加热并抽气减压。该法浓缩温度低、速度快、被测组分损失少，特别适用于农药残留量分析中样品净化液的浓缩。

二、样品前处理现代技术

20 世纪末，现代科学技术和分析仪器技术的发展推动了现代前处理技术的发展，分析仪器灵敏度的提高、分析对象基质复杂，对样品的前处理提出了更高的要求。凝胶色谱、固相萃取、固相微萃取、加速溶剂提取、超临界萃取、微波提取和微量化学法等技术在飞速发展，并得到不断应用。这些新开发的样品前处理技术实现了快速、有效、简单和自动化地完成样品前处理过程。

1. 凝胶渗透色谱

凝胶渗透色谱，也称为体积排斥色谱，是一种新型液相色谱，是色谱中较新的分离技术之一。

凝胶渗透色谱技术在富含脂肪、色素等大分子的样品分离净化方面，具有明显的净化效果。随着科学技术的进步，凝胶渗透色谱系统已发展成为从进样到收集全自动化的净化系统。在食品安全检测中，凝胶渗透色谱技术在国际上已成为常规的样品净化手段。

凝胶渗透色谱的分离机理主要有以下几种理论：①立体排斥理论；②有限扩散理论；③流动分离理论。由于应用立体排斥理论解释凝胶色谱中的各种分离现象与事实比较一致，因此立体排斥理论已被普遍接受。这一理论认为凝胶渗透色谱依据溶液中分子体积(流体力学体积)的大小来进行分离。凝胶渗透色谱的分离过程是在装有以多孔物质为填料的色谱柱中进行的。色谱柱填料含有许多不同尺寸的小孔，这些小孔对于溶剂分子来说是很大的，它们可以自由地扩散和出入。由于高聚物在溶液中以无规线团的形式存在，且高分子线团也有一定的尺寸，当填料上的孔洞尺寸与高分子线团的尺寸相当时，高分子线团就向孔洞内部扩散。显然，尺寸大的高聚物分子，由于只能扩散到尺寸大的孔洞中，在色谱柱中的保留时间就短；尺寸小的高聚物分子，几乎能够扩散到填料的所有孔洞中，向孔内扩散越深，在色谱柱中保留的时间就长。因此，不同分子量的高聚物分子就按相对分子量从大到小的次序随着淋洗液的流出而得到分离。

凝胶渗透色谱技术主要用于样品净化处理和高聚物的分子量及其分布的测定。凝胶渗透色谱技术适用的样品范围极广，回收率也较高，不仅对油脂净化效果好，而且重现性好，柱子可以重复使用，已成为食品安全检测中通用的净化方法。

2. 固相萃取

固相萃取是一种用途广泛且越来越受欢迎的样品前处理技术，它建立在传统的液－液萃取基础之上，结合物质相互作用的相似相溶机理和目前广泛应用的高效液相色谱、气相色谱中的固定相基本知识逐渐发展起来。

固相萃取就是利用固体吸附剂将液体样品中的目标化合物吸附，与样品的基体和干扰化合物分离，然后再用洗脱液洗脱或加热解吸附，以达到分离和富集目标化合物的目的。固相萃取实质上是一种液相色谱分离，其主要分离模式也与液相色谱相同，可分为正相(吸附剂极性大于洗脱液极性)、反相(吸附剂极性小于洗脱液极性)、离子交换和吸附。固相萃取所用的吸附剂也与液相色谱常用的固定相相同，只是在粒度上有所区别。

固相萃取不需要大量互不相溶的溶剂，处理过程中不会产生乳化现象，它采用高效、高选择性的吸附剂(固定相)，能显著减少溶剂的用量，简化样品的前处理过程，同时所需费用也有所减少。一般来说，固相萃取所需时间为液－液萃取的1/2，而费用为液－液萃取的1/5。但其缺点是目标化合物的回收率和精密度略低于液－液萃取，固相萃取主要应用于食品及动植物产品中农药、兽药及其他化学污染残留物分析。

3. 加速溶剂萃取

加速溶剂萃取是一种全新的处理固体和半固体样品的方法，该法是在较高温度(50～200 ℃)和压力条件(10.3～20.6 MPa)下，用有机溶剂萃取。它的突出优点是有机溶剂用量少(1 g 样品仅需 1.5 mL 溶剂，一个样品需 15 mL 溶剂)、快速(一般为 15 min)和回收率高，已成为样品前处理较佳方式之一，并被美国环境保护署选定为推荐的标准方法，已广泛用于环境、药物、食品和高聚物等样品的前处理，特别是农药残留量的分析。

提高温度能加速溶质分子的解析动力学过程，减小解析过程所需的活化能，降低溶剂的黏度，从而减小溶剂进入样品基体的阻力，增加溶剂进入样品基体的量。已报道温度从25 ℃增至150 ℃，其扩散系数增加2～10倍，降低溶剂和样品基体之间的表面张力，溶剂能更好地“浸润”样品基体，有利于被测物与溶剂的接触。液体的沸点一般随压力的升高而降低。例如，丙酮在常压下的沸点为56.3 ℃，而在0.5 MPa 时，其沸点高于 100 ℃，液体对溶质的溶解能力远大于气体对溶质的溶解能力。

由于加速溶剂萃取是在高温下进行的，因此，热降解是一个需要关注的问题。加速溶剂萃取的流程是先加入溶剂，即样品在溶剂包围之下再加温，而且在加温的同时加压，即在高压下加热，高温的时间一般少于 10 min，因此，热降解不甚明显。

4. 微量化学法

微量化学法样品处理技术的发展可以追溯到有机点滴实验，早在 1859 年 Hugo Schiff 报道：将尿酸的水溶液一滴，滴在用硝酸银渗透过的滤纸上可以检定尿酸。

Friedrich Schonbein 等使用毛细管方法，将试液用毛细管点于滤纸上，再用试剂显色，这种方法在分析上很有意义。随着有机显色试剂的不断发展，点滴实验应用得越来越广泛。目前，在现代技术的基础上选择和研制了新微量化学法技术的配套设备，并将这一新的技术广泛运用到农药、兽药残留量的检测实践中。微量化学法的应用范围越来越广，目前有许多标准也采用了微量化学法技术，随着它的推广应用，微量化学法样品前处理技术将会得到更进一步的发展。

课堂习题

一、填空题

(1) 样品预处理的目的是消除________干扰，保护仪器，提高方法的________、选择性和灵敏度。

(2) 有机物破坏法分为________和________两大类。

(3) 湿法消化是在________溶液中，向样品加入强氧化剂(如 H_2SO_4、HNO_3、H_2O_2、$KMnO_4$等)并加热消化，使有机物质完全分解、氧化、呈________态逸出，待测组分转化成无机状态存在于消化液中，供测试用。

(4) 溶剂提取法又分为________和________两种方法。

(5) 蒸馏法是利用液体混合物中各组分________不同进行分离的方法。

(6) 对于被蒸馏物质受热后不发生分解或沸点不太高的样品，可采用________蒸馏。

(7) 对于待蒸馏物质易分解或沸点太高样品，可采用________蒸馏。

二、简答题

(1) 湿法消化适用于什么样的样品测定？

(2) 萃取法的原理是怎样的？

(3) 常用的现代前处理技术包括哪些？

(4) 固相萃取的特点是什么？

技能点一　干法灰化法测定灰分

一、工作准备

技能点一
干法灰化法
测定灰分

1. 试剂

(1) 乙酸镁。

(2) 浓盐酸。

2. 仪器

(1) 分析天平(感量0.1 mg、1 mg、0.1 g)。

(2) 石英坩埚或瓷坩埚。

(3) 干燥器(内有干燥剂)。

(4) 电热板。

(5) 恒温水浴锅(控温精度±2 ℃)。

(6) 马弗炉。

3. 参考标准

《食品安全国家标准　食品中灰分的测定》(GB 5009.4—2016)。

二、操作步骤

(一) 坩埚预处理

1. 含磷量较高的食品和其他食品

取大小适宜的石英坩埚或瓷坩埚置于高温炉中，在(550 ± 25)℃下灼烧 30 min，冷却至 200 ℃左右，取出，放入干燥器中冷却 30 min，准确称量。重复灼烧至前后两次称量相差不超过 0.5 mg 为恒重。

2. 淀粉类食品

先用沸腾的稀盐酸洗涤，再用大量自来水洗涤，最后用蒸馏水冲洗。将洗净的坩埚置于高温炉内，在(900 ± 25)℃下灼烧 30 min，并在干燥器内冷却至室温，称重，精确至 0.000 1 g。

(二) 称样

含磷量较高的食品和其他食品：灰分大于或等于 10 g/100 g 的试样称取 2 ~ 3 g(精确至 0.000 1 g)；灰分小于或等于 10 g/100 g 的试样称取 3 ~ 10 g(精确至 0.000 1 g，对于灰分含量更低的样品可适当增加称样量)。

淀粉类食品：迅速称取样品 2 ~ 10 g(马铃薯淀粉、小麦淀粉及大米淀粉至少称 5 g，玉米淀粉和木薯淀粉称 10 g)，精确至 0.000 1 g。将样品均匀分布在坩埚内，不要压紧。

(三) 测定

1. 含磷量较高的豆类及其制品、肉禽及其制品、蛋及其制品、水产及其制品、乳及乳制品

(1) 称取试样后，加入 1.00 mL 乙酸镁溶液(240 g/L)或 3.00 mL 乙酸镁溶液(80 g/L)，使试样完全润湿。放置 10 min 后，在水浴上将水分蒸干，在电热板上以小火加热使试样充分炭化至无烟，然后置于高温炉中，在(550 ± 25)℃灼烧 4 h。冷却至 200 ℃左右，取出，放入干燥器中冷却 30 min，称量前如发现灼烧残渣有炭粒，应向试样中滴入少许水湿润，使结块松散，蒸干水分再次灼烧至无炭粒即表示灰化完全，方可称量。重复灼烧至前后两次称量相差不超过 0.5 mg 为恒重。

(2) 吸取 3 份与(1)浓度和体积相同的乙酸镁溶液，做 3 次试剂空白实验。当 3 次实验结果的标准偏差小于 0.003 g 时，取算术平均值作为空白值。若标准偏差大于或等于 0.003 g，应重新做空白值实验。

2. 淀粉类食品

将坩埚置于高温炉口或电热板上，半盖坩埚盖，小心加热使样品在通气情况下完全炭化至无烟，即刻将坩埚放入高温炉内，将温度升高至(900 ± 25)℃，保持此温度直至剩余的炭粒全部消失为止，一般 1 h 可灰化完毕，冷却至 200 ℃左右，取出，放入干燥器中冷却 30 min，称量前如发现灼烧残渣有炭粒，应向试样中滴入少许水湿润，使结块松散，蒸干水分再次灼烧至无炭粒即表示灰化完全，方可称量。重复灼烧至前后两次称量相差不超

过0.5 mg为恒重。

3. 其他食品

液体和半固体试样应先在沸水浴上蒸干。固体或蒸干后的试样，先在电热板上以小火加热使试样充分炭化至无烟，然后置于高温炉中，在(550 ± 25)℃灼烧4 h。冷却至200 ℃左右，取出，放入干燥器中冷却30 min，称量前如发现灼烧残渣有炭粒，应向试样中滴入少许水湿润，使结块松散，蒸干水分再次灼烧至无炭粒即表示灰化完全，方可称量。重复灼烧至前后两次称量相差不超过0.5 mg为恒重。

三、原始数据记录

灰分的测定原始数据记录见表4-3。

表4-3　灰分的测定原始数据记录

样品编号	坩埚和灰分的质量/g	坩埚的质量/g	坩埚和试样的质量/g	氧化镁(乙酸镁灼烧后生成物)的质量/g	灰分的含量/(g/100 g)	试样中灰分的含量/(g/100 g)
1						
2						

四、结果计算

(1) 加了乙酸镁溶液的试样中灰分的含量，按式(4-1)计算：

$$X_1 = \frac{m_1 - m_2 - m_0}{m_3 - m_2} \times 100 \tag{4-1}$$

式中　X_1——加了乙酸镁溶液试样中灰分的含量，g/100 g；

m_1——坩埚和灰分的质量，g；

m_2——坩埚的质量，g；

m_0——氧化镁(乙酸镁灼烧后生成物)的质量，g；

m_3——坩埚和试样的质量，g；

100——单位换算系数。

(2) 未加乙酸镁溶液的试样中灰分的含量，按式(4-2)计算：

$$X_2 = \frac{m_1 - m_2}{m_3 - m_2} \times 100 \tag{4-2}$$

式中　X_2——未加乙酸镁溶液试样中灰分的含量，g/100 g；

m_1——坩埚和灰分的质量，g；

m_2——坩埚的质量，g；

m_3——坩埚和试样的质量，g。

五、操作要点

(1) 样品炭化时要注意控制热源温度，防止坩埚内样品外溅或溢出。

(2) 把坩埚放入高温炉或从炉中取出时，要在炉口停留片刻，使坩埚预热或冷却，防止因温度剧变而使坩埚破裂。

(3) 灼烧后的坩埚应冷却到200 ℃以下再移入干燥器中，否则因热的对流作用，易造成残灰飞散，且冷却速度慢，冷却后干燥器内形成较大真空，盖子不易打开。

任务考核

样品中灰分测定操作标准及评分见表4－4。

表4－4　样品中灰分测定操作标准及评分

考核要素	评分要素	配分	评分标准		扣分	得分
基本操作	准备	20分	坩埚预处理	5分		
			坩埚恒重	10分		
			干燥器的使用	5分		
	样品炭化	25分	样品称重	5分		
			电热板的使用	5分		
			通风橱的使用	5分		
			炭化完全程度的判断	10分		
	样品灰化	20分	马弗炉的使用	10分		
			恒重	10分		
	结果计算	20分	数据记录	10分		
			有效数字运算	10分		
	报告填写	5分	是否完整	5分		
文明操作	统筹安排能力、工作态度	10分	清理实验台，仪器、药品摆放整齐	5分		
			完成时间符合要求	5分		
总计						

课堂习题

一、填空题

(1) 测定灰分时，需反复灼烧至前后两次称量相差不超过________mg为恒重。

(2) 测定含磷量较高的食品时，取大小适宜的石英坩埚或瓷坩埚置高温炉中，在________℃下灼烧________min，冷却至________℃左右，取出，放入干燥器中冷却________min，准确称量。

(3) 测定含磷量较高的食品时，需加入1.00 mL ________溶液，使试样完全润湿。

二、简答题

试述马弗炉的使用方法及注意事项。

技能点二　溶剂提取法测定脂肪

技能点二　溶剂提取法测定脂肪

一、工作准备

1. 试剂

无水乙醚或石油醚(沸程为30~60 ℃)。

2. 材料

脱脂棉。

3. 仪器

(1) 分析天平(感量0.001 g和0.000 1 g)。

(2) 索氏抽提器。

(3) 恒温水浴锅。

(4) 电热鼓风干燥箱。

(5) 干燥器(内装有效干燥剂，如硅胶)。

(6) 滤纸筒。

(7) 蒸发皿。

4. 参考标准

《食品安全国家标准　食品中脂肪的测定》(GB 5009.6—2016)。

二、操作步骤

1. 试样处理

(1) 固体试样：称取充分混匀后的试样2~5 g，准确至0.001 g，全部移入滤纸筒内。

(2) 液体或半固体试样：称取混匀后的试样5~10 g，准确至0.001 g，置于蒸发皿中，加入约20 g石英砂，于沸水浴上蒸干后，在电热鼓风干燥箱中于(100 ±5)℃干燥30 min后，取出，研细，全部移入滤纸筒内。蒸发皿及粘有试样的玻璃棒，均用沾有乙醚的脱脂棉擦净，并将脱脂棉放入滤纸筒内。

2. 抽提

将滤纸筒放入索氏抽提器的抽提筒内，连接已干燥至恒重的接收瓶，由抽提器冷凝管上端加入无水乙醚或石油醚至瓶内容积的2/3处，于水浴上加热，使无水乙醚或石油醚不断回流抽提(6~8次/h)，一般抽提6~10 h。提取结束时，用磨砂玻璃棒接取1滴提取液，磨砂玻璃棒上无油斑表明提取完毕。

3. 称量

取下接收瓶，回收无水乙醚或石油醚，待接收瓶内溶剂剩余1~2 mL时在水浴上蒸干，再于(100 ±5)℃干燥1 h，放干燥器内冷却0.5 h后称量。重复以上操作直至恒重(即两次称量的差不超过2 mg)。

三、原始数据记录

脂肪的测定原始数据记录见表4-5。

表 4-5　脂肪的测定原始数据记录

样品编号	恒重后接收瓶和脂肪的含量/g	接收瓶的质量/g	试样的质量/g	试样中脂肪的含量/(g/100 g)	试样中脂肪的含量平均值/(g/100 g)
1					
2					

四、结果计算

试样中脂肪的含量按式(4-3)计算:

$$X = \frac{m_1 - m_0}{m_2} \times 100 \tag{4-3}$$

式中　X——试样中脂肪的含量，g/100 g;

m_1——恒重后接收瓶和脂肪的含量，g;

m_0——接收瓶的质量，g;

m_2——试样的质量，g;

100——换算系数。

计算结果表示到小数点后一位。

五、操作要点

(1) 滤纸筒要严实，防止样品外漏，但也不能包得太紧影响溶剂渗透。放入滤纸筒时高度不要超过回流弯管，否则超过回流弯管样品中的脂肪不能抽提，造成误差。

(2) 烘干接收瓶和脂肪至恒重时，勿使温度过高而造成脂肪氧化。

(3) 抽提时，控制回流速度适中，每小时回流 6~8 次为宜。

(4) 抽提用的乙醚或石油醚要求无水、无醇、无过氧化物，挥发残渣含量低。

(5) 在挥发乙醚或石油醚时，切忌用直接火加热。干燥前应驱除全部残余的乙醚，因乙醚稍有残留，放入干燥箱时，有发生爆炸的危险。

任务考核

样品中脂肪含量测定操作标准及评分见表 4-6。

表 4-6　样品中脂肪含量测定操作标准及评分

考核要素	评分要素	配分	评分标准		扣分	得分
基本操作	准备	20 分	物品摆放	5 分		
			仪器清洗	5 分		
			接收瓶恒重	10 分		
	试样处理	20 分	样品处理	10 分		
			样品称量	5 分		
			滤纸筒制作	5 分		

续表

考核要素	评分要素	配分	评分标准		扣分	得分
基本操作	抽提	25 分	索氏抽提器安装	5 分		
			水浴温度调节	5 分		
			抽提终点判断	7 分		
			抽提剂回收	8 分		
	接收瓶恒重	10 分	干燥箱温度设置	2 分		
			干燥器使用	3 分		
			接收瓶恒重	5 分		
	结果计算	10 分	数据记录	5 分		
			有效数字处理	5 分		
	报告	5 分	报告设计与填写	5 分		
	统筹安排能力、工作态度	10 分	清理实验台，仪器、药品摆放整齐	5 分		
			完成时间符合要求	5 分		
总计						

课堂习题

一、填空题

（1）测定脂肪含量时，接收瓶烘干直至两次称量的差不超过______mg。

（2）提取结束时，用磨砂玻璃棒接取 1 滴提取液，磨砂玻璃棒上______表明提取完毕。

（3）接收瓶需要提前干燥至______。

（4）常用的抽提剂有______和______。

（5）抽提时，控制回流速度适中，每小时回流______次为宜。

二、简答题

（1）溶剂提取法的关键操作有哪些？

（2）提取剂如何选择？

任务四　检验报告的基本内容、设计与填写规范

学习目标

（1）查阅检验报告并设计的相关资料，熟悉检验报告的一般要求。

（2）学习设计检验报告单和填写一份完整的检验报告。

技能目标

(1) 了解检验报告的一般要求和基本内容。

(2) 能独立设计一份完整的检验报告。

(3) 掌握填写检验报告的一般要求。

职业素养

(1) 养成不断探索、精益求精、追求卓越的工匠精神和爱岗敬业的职业道德。

(2) 引导学生深刻理解中华优秀传统文化中讲仁爱、重民本、守诚信、崇正义、尚和合、求大同的思想精华和时代价值。

(3) 养成如实进行数据记录的职业素养。

知识点　检验报告的基本内容及要求

知识点　检验报告的基本内容及要求

一份完整的检验报告应具备以下内容：产品名称、产品批号、产品规格、产品等级、委托单位及地址、产品标示执行标准、样品编号、商标、样品状态、样品数量/抽样基数、抽样日期、检验时间、检验项目、检验依据、检验结论、技术要求、实测值、单项判定结果等。

检验报告要求内容与样品实际相符、结果真实，不能随意涂改，检验依据现行有效，结果判定准确等。

课堂习题

一、填空题

检验报告要求内容与样品实际相符、结果真实，不能随意涂改、检验依据________、结果判定准确等。

二、简答题

一份合格的检测报告单应包括哪些基本信息？

技能点　检验报告的设计与填写

技能点　检验报告的设计与填写

根据给定的样品信息和检测结果，结合实际情况，设计并填写一份完整的检验报告单。

检验报告单模板见表 4－7，检验结果记录单模板见表 4－8。

表4-7 检验报告单模板

产品名称	黄豆芽	样品编号	LYJP-SCWT-160002
产品批号	20160801	商标	
产品规格	450 g/袋	样品状态	塑料袋装、正常
产品等级	—	样品数量/抽样基数	11袋/100袋
委托单位及地址			
抽样人		抽样日期	2016-08-01
产品标示执行标准	Q/NDQY0001S	检验时间	2016-08-01至2016-08-03
检验项目	感官、净含量、铅、总砷、总汞、镉、亚硫酸盐、2,4-二氯苯氧乙酸、百菌清、多菌灵、6-苄基腺嘌呤、4-氯苯氧乙酸、赤霉素、福美双、土霉素、氯吡脲、乙烯利		
检验依据	Q/CYWYY 0001—2015《豆芽》		
检验结论	该样品经检验，依据Q/CYWYY 0001—2015《豆芽》、GB 2760—2014《食品安全国家标准 食品添加剂使用标准》、GB 2763—2014《食品安全国家标准 食品中农药最大残留量》，判定所检项合格		
备注	—		

主检： 审核： 批准： 批准日期：

表4-8 检验结果记录单模板

序号	检验项目		技术要求	实测值	单项判定
1	感官	外观	具有正常的外形、色泽，无烂根、无烂茎、无腐烂、无打蔫，允许有少量机械损伤	符合	合格
		组织形态	具有本产品固有的豆香味，无异味	符合	合格
		气味、滋味	形态基本完整，脆嫩，无正常视力可见外来异物	符合	合格
2	净含量		450±13.5	450.21	合格
3	铅(以Pb计)/(mg/kg)		≤0.2	未检出	合格
4	总砷(以As计)/(mg/kg)		≤0.5	0.080	合格
5	总汞(以Hg计)/(mg/kg)		≤0.01	未检出	合格
6	镉(以Cd计)/(mg/kg)		≤0.1	未检出	合格
7	二氧化硫残留量/(g/kg)		≤0.02	未检出	合格
8	2,4-二氯苯氧乙酸/(mg/kg)		不得检出	未检出	合格
9	百菌清/(mg/kg)		不得检出	未检出	合格
10	多菌灵/(mg/kg)		不得检出	未检出	合格
11	6-苄基腺嘌呤/(mg/kg)		不得检出	未检出	合格
12	4-氯苯氧乙酸/(mg/kg)		不得检出	未检出	合格
13	赤霉素/(mg/kg)		不得检出	未检出	合格

续表

序号	检验项目	技术要求	实测值	单项判定
14	福美双/(mg/kg)	不得检出	未检出	合格
15	土霉素/(mg/kg)	不得检出	未检出	合格
16	氯吡脲/(μg/kg)	不得检出	未检出	合格
17	乙烯利/(mg/kg)	不得检出	未检出	合格

课堂习题

简答题

设计一份检验报告。

任务考核

检验报告设计与填写操作标准及评分表见表4-9。

表4-9 检验报告设计与填写操作标准及评分表

考核要素	评分要素	配分	评分标准		扣分	得分
基本操作	准备	20分	查阅相关资料	10分		
			获取样品检测项目	10分		
	设计	30分	内容是否完整	15分		
			信息是否全面	15分		
	填写	30分	是否全面	15分		
			是否真实	10分		
			是否完整	5分		
	统筹安排能力、工作态度	20分	整体安排	10分		
			完成时间符合要求	10分		
总计						

参 考 文 献

[1]符斌，李华昌. 化学实验室手册[M]. 北京：化学工业出版社，2012.

[2]马晓宇. 分析化学基本操作[M]. 北京：科学出版社，2011.

[3]夏玉宇. 化学实验室手册[M]. 北京：化学工业出版社，2004.

[4]中国国家标准化管理委员会. 化学试剂　标准滴定溶液的制备 GB/T 601—2016[S]. 北京：中国标准出版社，2016.

[5]中国国家标准化管理委员会. 化学试剂　试验方法中所用制剂及制品的制备 GB/T 603—2002[S]. 北京：中国标准出版社，2016.

[6]中国国家标准化管理委员会. 化学试剂　杂质测定用标准溶液的制备 GB/T 602—2016[S]. 北京：中国标准出版社，2016.